Tegaoya Shudianxianlu
Changjian Quexian Guzhang Anlifenxi

特高压输电线路
常见缺陷故障
案例分析

国家电网有限公司设备管理部　组编

中国电力出版社
CHINA ELECTRIC POWER PRESS

内 容 提 要

为及时总结特高压输电线路在验收、运维、检修等工作环节的经验教训，提高特高压工程的建设运行水平，保证电网安全稳定运行，国家电网有限公司设备管理部组织专业技术骨干编制完成《特高压输电线路常见缺陷故障案例分析》。

本书介绍了特高压输电线路常见缺陷与故障的分析处理过程，共搜集特高压交流输电线路常见缺陷 8 大类 65 个；特高压直流输电线路常见缺陷 8 大类 56 个；特高压故障案例 10 个；新技术应用典型问题 4 个。本书通俗易懂、图文并茂、实用性强。所述内容科学全面、真实有效；所列图片直观清晰、一目了然；所举案例具有普遍性、代表性。

本书既可供从事特高压输电线路验收、运维、检修工作的管理人员及专业技术、技能人员学习使用，又可供从事输电工程设计、建设、验收、运维、检修工作的相关管理人员与技术人员工作参考，也可供大专院校相关专业广大师生阅读参考。

图书在版编目（CIP）数据

特高压输电线路常见缺陷故障案例分析 / 国家电网有限公司设备管理部组编 . —北京：中国电力出版社 , 2019.5（2019.11 重印）

ISBN 978-7-5198-3055-7

Ⅰ.①特… Ⅱ.①国… Ⅲ.①特高压输电—输电线路—故障—案例 Ⅳ.① TM726

中国版本图书馆 CIP 数据核字（2019）第 066627 号

出版发行：中国电力出版社
地　　址：北京市东城区北京站西街 19 号（邮政编码 100005）
网　　址：http://www.cepp.sgcc.com.cn
责任编辑：罗翠兰
责任校对：黄　蓓　王海南
装帧设计：左　铭
责任印制：石　雷

印　　刷：北京博图彩色印刷有限公司
版　　次：2019 年 5 月第一版
印　　次：2019 年 11 月北京第二次印刷
开　　本：710 毫米 ×1000 毫米　16 开本
印　　张：10.5
字　　数：160 千字
印　　数：3001—4500 册
定　　价：99.00 元

《特高压输电线路常见缺陷故障案例分析》

编 委 会

主 任 周安春

副主任 毛光辉　罗汉武　彭　江　王　剑

主 编 王　剑

副主编 祝永坤　张　杰　叶立刚

参 编 彭　波　刘敬华　张国力　韩建军　行万龙

李新民　武学亮　许大鹏　孙　广　王永峰

陈　晶　王泽禹　周路焱　勾雪冉　庞　锴

李吉楠　张　成　马建国　雷　雨　张午阳

朱耀中　刘学仁　张步勇　刘　玄　南杰胤

孟庆伟　姜文东　杨　珂　吴坤祥　姜海波

马万勋　李　硕　米康民　付志红　郑　伟

李祥杰　王海跃　叶有名　陈　怡

前 言 ///

特高压是世界最先进的输电技术，输电距离可以达到2000～5000km乃至更远。特高压电网具有更大范围调配资源的能力，能够实现清洁能源在世界范围互联互通、优化配置，这是构建全球能源互联网的重要基础。立足能源可持续发展，构建全球能源互联网的发展思路，昭示着加快建设以特高压电网为骨干网架、输送清洁能源为主导的坚强智能电网的重要性。同时，加快建设全国统一电力市场，推动西南水电和西部、北部清洁能源大规模开发外送，形成"西电东送、北电南供、水火互济、风光互补"的能源配置新格局，这意味着特高压建设已进入高速发展的快车道。

展望未来，以"一带一路"国家能源互联互通为突破，经过洲内跨国联网、跨洲联网和全球互联三个阶段，到2050年将建成由跨国跨洲特高压骨干网架和各国各电压等级智能电网构成的全球能源互联网，其将连接"一极一道"和各洲大型清洁能源基地，保障更清洁、更高效、更安全、可持续的能源供应。内蒙古自治区具有丰富的煤炭和风力资源，是国家重要的大气污染防治计划清洁能源基地和电力外送基地。随着特高压工程的建设投产，掌握特高压相关技术、运行特性、典型问题和事故跳闸，提高运行维护人员的技术能力，实现全过程技术监督，确保特高压线路的安全稳定运行，将成为电力企业承担的一项重要职责。

本书搜集了特高压交流输电线路常见缺陷8大类65个；特高压直流输电线路常见缺陷8大类56个；特高压故障案例10个；新技术应用典型问题4个。针对特高压输电线路工程技术要求高、运维难度大、可参考经验少的现状，编者及时总结特高压输电线路验收、运维、检修等工作的经验教训，为今后特高压输电线路建设、验收、运维、检修提供参考。

本书在编写过程中得到了国家电网有限公司、中国电力科学研究院及国网内蒙古东部电力有限公司各级领导的大力支持，书中大量的常见缺陷、图片凝聚了现场运行人员、检修技术人员和管理人员的心血，借此对各级领导、各兄弟单位和各位同仁表示感谢。

由于本书尚无经验可供借鉴，更限于编者水平且时间匆促，难免存在不妥之处，恳请广大读者提出宝贵意见。

编　者

2018年10月

目　录 ///

/第一篇/

特高压交流输电线路
常见缺陷

本篇汇总了特高压交流线路验收、运行、检修过程中发现的基础、杆塔、导地线、绝缘子、金具、接地装置、通道环境、附属设施8大类共65项常见缺陷及图片。

第1章 基础类

🔍 常见缺陷1-1 基础保护帽脱皮破损

1. 缺陷描述

某线路××号×腿处基础保护帽脱皮破损（见图1-1-1）。

2. 形成原因

施工过程中未按工艺要求浇筑，或运行过程中受风蚀影响。

3. 消缺措施

需按照标准工艺重新浇制基础保护帽（见图1-1-2）。

4. 规程标准

《1000kV交流架空输电线路检修规范》（Q/GDW 1209—2015）中"5.2.1 塔脚保护帽等基础保护设施损毁或缺失时应及时修复。"

图1-1-1 基础保护帽脱皮破损

图1-1-2 基础保护帽标准工艺

🔍 常见缺陷1-2　基础保护帽散水坡度不足

1. 缺陷描述

某线路××号×腿基础保护帽散水坡度不足（见图1-2-1）。

2. 形成原因

未按照保护帽施工工艺、标准及运行要求施工。

3. 消缺措施

需按照标准工艺重新浇制基础保护帽（见图1-2-2）。

4. 规程标准

《1000kV交流架空输电线路运行规程》（Q/GDW 1210—2014）中"7.1.2 塔腿与保护帽接触处有积水现象，保护帽或基础面无散水坡度，无法保证自然散水。"

图1-2-1　基础保护帽散水坡度不足

图1-2-2　基础保护帽散水坡度标准工艺

🔍 常见缺陷1-3 基础立柱面二次抹面

1.缺陷描述

某线路××号×腿基础立柱面二次抹面（见图1-3-1）。

2.形成原因

基础施工工艺不良，造成基础表面存在较明显的外观质量缺陷，施工单位对基础二次涂抹、修补。

3.消缺措施

清除二次抹面部分，参照《混凝土结构工程施工规范》（GB 50666—2011）中8.9.3、8.9.4所列处理方式处理（见图1-3-2）。

4.规程标准

《国家电网公司输变电工程标准工艺库》（2016版）中"架空线路工程（结构部分）所列基础形式的施工要点中均明确提出：露出地面的基础混凝土应满足清水混凝土的要求，杜绝修饰、二次抹面。"

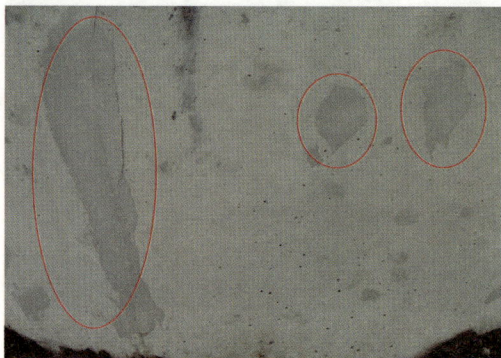

图1-3-1 基础立柱面二次抹面

图1-3-2 基础立柱面标准工艺

🔍 常见缺陷1-4　基础立柱面开裂

1. 缺陷描述

某线路××号×腿处基础立柱面开裂（见图1-4-1）。

2. 形成原因

施工过程中未按相关规范浇筑、养护。

3. 消缺措施

根据缺陷严重程度及时采取补强、加固措施（见图1-4-2）。

4. 规程标准

《1000kV交流架空输电线路检修规范》（Q/GDW 1209—2015）中"5.2.1 基础出现表面水泥脱落、基础裂纹、钢筋外露、基础下沉或上拔、洪水冲刷严重的情况时，应分析原因，采取补修、加固等针对性检修措施。"

图1-4-1　基础立柱面开裂

图1-4-2　基础立柱面标准工艺

🔍 常见缺陷1-5 基础回填土不足

1. 缺陷描述

某线路××号×腿基础回填土不足（见图1-5-1）。

2. 形成原因

施工单位未按规范要求分层回填、夯实，或在运行过程中，基面长期受雨水冲刷，造成水土流失。

3. 消缺措施

需重新分层回填、夯实（见图1-5-2）。

4. 规程标准

《1000kV架空输电线路施工及验收规范》（Q/GDW1153—2012）中"5.7 铁塔基础坑回填，应符合设计要求，并应分层夯实，每回填300mm厚度夯实一次。坑口的地面上应筑防沉层，防沉层的上部边宽不得小于坑口边宽，其高度视土质夯实程度确定，不宜低于300mm。经过沉降后应及时补填夯实。工程移交时坑口回填土不应低于地面。"

《1000kV交流架空输电线路运行规程》（Q/GDW 1210—2014）中"6.1.3.2 检查杆塔和基础有无下列缺陷和运行情况的变化：c）杆塔基础变异，周围土壤突起或沉陷，基础裂纹、损坏、下沉或上拔，护基沉塌或被冲刷。"

图1-5-1 基础回填土不足

图1-5-2 基础回填土标准工艺

🔍 常见缺陷1-6   杆塔塔脚被埋

1. 缺陷描述

某线路××号×腿塔脚被埋（见图1-6-1）。

2. 形成原因

运行过程中基础边坡滑移，导致塔脚及保护帽被埋。

3. 消缺措施

应清除积土，并在其上方修建挡土墙及护坡（见图1-6-2）。

4. 规程标准

《1000kV交流架空输电线路运行规程》（Q/GDW 1210—2014）中"6.1.3.2 检查杆塔和基础有无下列缺陷和运行情况的变化：d）基础保护帽上部塔材被埋入土中或废弃物堆中，塔材锈蚀。"

图1-6-1   杆塔塔脚被埋

图1-6-2   杆塔塔脚正常状态

第2章 杆塔类

🔍 常见缺陷2-1 螺栓缺失

1.缺陷描述

某线路××号×腿第×个法兰盘螺栓缺失×个（见图2-1-1）。

2.形成原因

施工过程中漏装、眼孔错位无法安装，运行中受外力破坏丢失。

3.消缺措施

需补装螺栓（见图2-1-2）。

4.规程标准

《1000kV架空输电线路施工及验收规范》（Q/GDW 1153—2012）中"7.2.1铁塔各构件的组装应牢固，交叉处有空隙者，应装设相应厚度的垫圈或垫板。"

《1000kV交流架空输电线路运行规程》（Q/GDW 1210—2014）中"6.1.3.2检查杆塔和基础有无下列缺陷和运行情况的变化：b）杆塔螺栓松动、缺螺栓或螺帽，螺栓丝扣长度不够，铆焊处裂纹、开焊。"

图2-1-1 法兰盘螺栓缺失

图2-1-2 法兰盘标准工艺

常见缺陷2-2　塔材变形

1. 缺陷描述

某线路××号塔×号塔材变形（见图2-2-1）。

2. 形成原因

施工过程中施工方法不当、眼孔错位强行组装或外力磕碰。

3. 消缺措施

变形较轻可采用冷矫正方法恢复，变形严重无法恢复原样应更换（见图2-2-2）。

4. 规程标准

《1000kV架空输电线路施工及验收规范》（Q/GDW 1153—2012）中"7.1.4角钢铁塔塔材的弯曲度应按《输电线路铁塔制造技术条件》（GB/T 2694）的规定验收。对运至桩位的个别角钢，当弯曲度超过长度的2‰，但未超过表5的变形限度时，可采用冷矫正法进行矫正，但矫正的角钢不得出现裂纹和锌层脱落。"

《1000kV交流架空输电线路运行规程》（Q/GDW 1210—2014）中"6.1.3.2检查杆塔和基础有无下列缺陷和运行情况的变化：a）铁塔倾斜、横担歪扭及铁塔部件锈蚀变形、缺损。"

图2-2-1　塔材变形

图2-2-2　塔材正常状态

🔍 常见缺陷2-3 塔材缺失

1.缺陷描述

某线路××号×腿×号塔材处缺联板（见图2-3-1）。

2.形成原因

施工过程中漏装或运行过程中外力破坏。

3.消缺措施

补装缺失塔材（见图2-3-2）。

4.规程标准

《1000kV输变电工程竣工验收规范》（GB 50993—2014）中"4.4.2 铁塔施工质量应符合下列规定：1 结构应完整，并应符合设计要求。"

图2-3-1 塔材缺失

图2-3-2 塔材正常状态

🔍 常见缺陷2-4　加强筋裂纹

1. 缺陷描述

某线路××号塔×腿第×个加强筋开裂（见图2-4-1）。

2. 形成原因

塔材焊接工艺不良，在运行过程中焊点受应力、风振、雨水冲刷影响，发生开焊。

3. 消缺措施

由生产厂家专业人员补焊，并做防锈（见图2-4-2）。

4. 规程标准

《1000kV交流架空输电线路运行规程》（Q/GDW 1210—2014）中"6.1.3.2 检查杆塔和基础有无下列缺陷和运行情况的变化：b）杆塔螺栓松动、缺螺栓或螺帽，螺栓丝扣长度不够，铆焊处裂纹、开焊。"

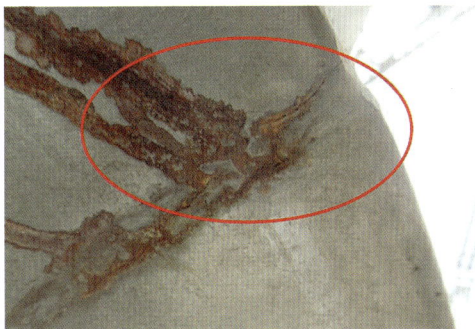

图2-4-1　加强筋裂纹

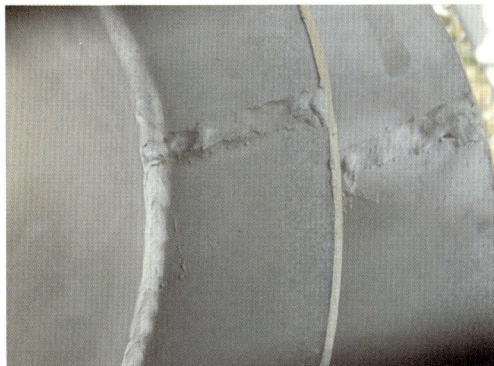

图2-4-2　加强筋正常状态

常见缺陷2-5 塔材超标扩孔、改孔

1.缺陷描述

某线路××号塔×腿×号塔材与×号塔材连接板处超标扩孔（见图2-5-1）。

2.形成原因

塔材加工质量不良、眼孔错位或施工方法不当造成塔材无法就位。

3.消缺措施

扩孔超过3mm时，应先将原孔堵焊后重新打孔，并应做防锈处理（见图2-5-2）。

4.规程标准

《1000kV架空输电线路施工及验收规范》（Q/GDW 1153—2012）中"7.2.4 铁塔部件组装有困难时应查明原因，严禁强行组装。个别螺孔需扩孔时，扩孔部分不应超过3mm，当扩孔需超过3mm时，应先堵焊再重新打孔，并应进行防锈处理。严禁用气割进行扩孔或烧孔。"

图2-5-1 塔材超标扩孔、改孔

图2-5-2 塔材正常状态

🔍 常见缺陷2-6　脚钉缺失

1. 缺陷描述

某线路××号×腿第××段缺×个脚钉（见图2-6-1）。

2. 形成原因

施工过程中漏装或运行过程中受外力破坏。

3. 消缺措施

补装丢失脚钉，并安装防盗、防松螺母，加强脚钉容易丢失地区的电力设施保护宣传工作（见图2-6-2）。

4. 规程标准

《1000kV架空输电线路施工及验收规范》（Q/GDW 1153—2012）中"7.2.9脚钉安装应牢固齐全，安装位置应符合设计或建设方要求。"

《1000kV交流架空输电线路运行规程》（Q/GDW 1210—2014）中"7.5.1 金具发生变形、锈蚀、烧伤、裂纹，金具连接处转动不灵活，磨损后的安全系数小于2.0（即低于原值的80%）。"

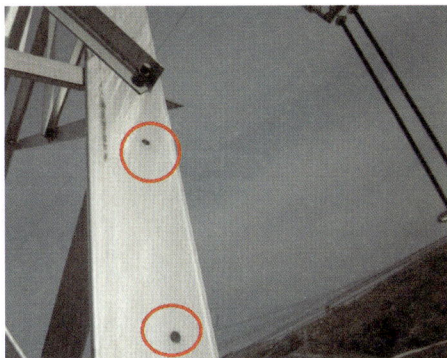

图2-6-1　脚钉缺失

图2-6-2　脚钉正常状态

常见缺陷2-7　脚钉断裂

1.缺陷描述

某线路××号×腿第××段第×个脚钉断裂（见图2-7-1）。

2.形成原因

施工或运行过程中受到外力破坏。

3.消缺措施

更换脚钉，并安装防盗、防松螺母。加强脚钉容易损坏地区的电力设施保护宣传工作（见图2-7-2）。

4.规程标准

《1000kV架空输电线路施工及验收规范》（Q/GDW 1153—2012）中"7.2.9脚钉安装应牢固齐全，安装位置应符合设计或建设方要求。"

《1000kV交流架空输电线路运行规程》（Q/GDW 1210—2014）中"7.5.1金具发生变形、锈蚀、烧伤、裂纹，金具连接处转动不灵活，磨损后的安全系数小于2.0（即低于原值的80%）。"

图2-7-1　脚钉断裂

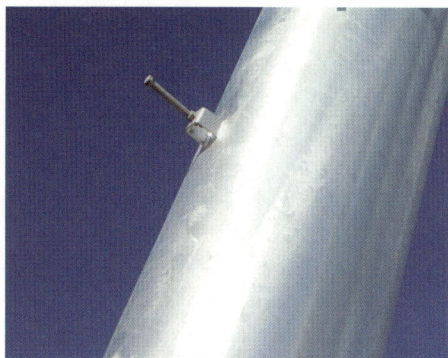

图2-7-2　脚钉正常状态

🔍 常见缺陷2-8　垫板缺失

1. 缺陷描述

某线路××号×号塔材缺垫板（见图2-8-1）。

2. 形成原因

施工过程中漏装。

3. 消缺措施

按设计图纸要求补装垫板（见图2-8-2）。

4. 规程标准

《1000kV架空输电线路施工及验收规范》（Q/GDW 1153—2012）中"7.2.1 铁塔各构件的组装应牢固；交叉处有空隙者，应装设相应厚度的垫圈或垫板。"

图2-8-1　垫板缺失

图2-8-2　垫板正常状态

🔍 常见缺陷2-9　螺栓锈蚀

1. 缺陷描述

某线路××号×号塔材与×号塔材连接处螺栓锈蚀（见图2-9-1）。

2. 形成原因

在运行过程中受雨水侵蚀生锈。

3. 消缺措施

更换螺栓（见图2-9-2）。

4. 规程标准

《1000kV交流架空输电线路运行规程》（Q/GDW 1210—2014）中"6.1.3.2检查杆塔和基础有无下列缺陷和运行情况的变化：a）杆塔倾斜、横担歪扭及铁塔部位锈蚀变形、缺损。"

图2-9-1　螺栓锈蚀

图2-9-2　螺栓正常状态

🔍 常见缺陷2-10　挂线点处未使用双螺母

1. 缺陷描述

某线路××号大(小)号×相内(外)侧挂线点处未使用双螺母(见图2-10-1)。

2. 形成原因

施工过程中漏装。

3. 消缺措施

应加强设备质量验收,对未按照设计图纸加装双螺母处补装(见图2-10-2)。

4. 规程标准

《1000kV架空输电线路施工及验收规范》(Q/GDW 1153—2012)中"7.2.2 当采用螺栓连接构件时,应符合下列规定:a)铁塔螺栓应按设计要求使用防卸、防松装置。"

图2-10-1　挂线点处未使用双螺母

图2-10-2　挂线点处螺栓正常状态

常见缺陷2-11　螺栓穿向错误

1.缺陷描述

某线路××号×腿第×个法兰盘×个螺栓穿向错误（见图2-11-1）。

2.形成原因

未按相关规范、工艺要求施工。

3.消缺措施

调整螺栓穿向（见图2-11-2）。

4.规程标准

《1000kV架空输电线路施工及验收规范》（Q/GDW 1153—2012）中"7.2.3 螺栓的穿入方向应符合下列规定：

a）对立体结构：

1）水平方向由内向外；

2）垂直方向由下向上；

3）斜面方向由斜下向斜上，安装困难时应在同一斜面内统一。

b）对平面结构：

1）顺线路方向，由电源侧穿入或按统一方向穿入；

2）横线路方向，两侧由内向外，中间由左向右（指面向受电侧，下同）或按统一方向穿入；

3）垂直地面方向者由下向上；

4）横线路方向呈倾斜平面时，由电源侧穿入或由下向上或取统一方向；顺线路方向呈倾斜平面时，由下向上，或取统一方向。

注：个别螺栓不易安装时，穿入方向允许变更处理。

c）节点处为法兰连结的螺栓穿向：所有靠近节点处法兰螺栓由节点向四周穿。"

图2-11-1　螺栓穿向错误

图2-11-2　螺栓穿向正常状态

🔍 常见缺陷2-12　钢管塔管内异常积水

1.缺陷描述

某线路××号×腿钢管塔管内异常积水（见图2-12-1）。

2.形成原因

（1）钢管塔内部的积水来源于钢管塔顶部盖板缝隙处流入的雨水，以及在法兰连接部位从螺栓缝隙渗入的雨水。

（2）对于法兰连接处止水板上部的积水由于止水板的排水孔被堵塞，进入钢管塔内部的积水无法排出。排水孔堵塞的原因是施工过程中钢管塔内黏附有泥土等异物，其在后期雨水的冲刷下流至排水孔处。

（3）法兰连接处止水板下部的积水是上部积水从法兰螺丝缝中渗入的，由于底部的排水孔被保护帽堵死，其无法排出。如果止水板上部无积水，则下部不会有积水。

3.消缺措施

（1）优化法兰盘止水板的密封性设计。

（2）施工过程中加强法兰盘排水孔的积污清理。

（3）雨季前后加强排水孔的排查、疏通（见图2-12-2）。

4.规程标准

无。

图2-12-1　钢管塔管内异常积水

图2-12-2　钢管塔正常状态

🔍 常见缺陷2-13　走道板卡具螺栓松动

1. 缺陷描述

某线路××号×腿×面走道板卡具螺栓松动（见图2-13-1）。

2. 形成原因

施工过程中未按要求紧固或运行期间风力振动。

3. 消缺措施

及时紧固未紧固的螺栓（见图2-13-2）。

4. 规程标准

《1000kV架空输电线路施工及验收规范》（Q/GDW 1153—2012）中"7.2.6 铁塔连接螺栓在组立结束时应全部紧固一次，检查扭矩合格后方准进行架线。架线后，螺栓还应复紧一遍"。

《1000kV交流架空输电线路运行规程》（Q/GDW 1210—2014）中"7.1.3.2 检查杆塔和基础有无下列缺陷和运行情况的变化：b）杆塔螺栓松动、缺螺栓或螺帽，螺栓丝扣长度不够，铆焊处裂纹、开焊。"

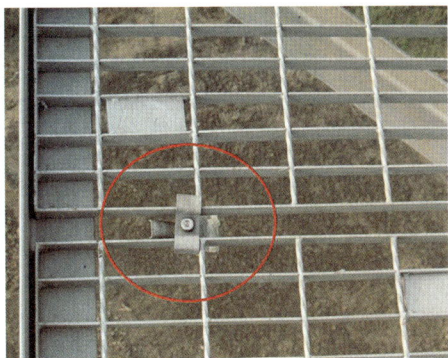

图2-13-1　走道板卡具螺栓松动

图2-13-2　走道板卡具正常状态

第3章　导地线类

常见缺陷3-1　导线断股

1. 缺陷描述

某线路××号×线大（小）号侧第×间隔棒-第×间隔棒之间×号子导线断×股（见图3-1-1）。

2. 形成原因

施工期间展放过程中与锋利物接触，或运行期间受外力破坏。

3. 消缺措施

根据导线的损伤程度按照规程要求处理（见图3-1-2）。

4. 规程标准

《1000kV架空输电线路施工及验收规范》（Q/GDW 1153—2012）中"8.2.9 张力放线、紧线及附件安装时，应防止导线损伤，在容易产生损伤处应采取有效的预防措施：

a）导线在展放过程中不得与地面及被跨越物直接接触；

b）凡与导线直接接触的提线器、锚线架、钢丝绳等应进行挂胶处理或其他隔离措施；

c）跨越架与导线接触部分应采用不磨损导线的材料或不损伤导线的措施；

d）牵、张场导线可能落地的区域应采用不损伤导线的材料进行铺垫"。

《1000kV交流架空输电线路运行规程》（Q/GDW 1210—2014）中"6.1.3.3 检查导线、地线、光缆有无下列缺陷和运行情况的变化：a）导线、地线、光缆锈蚀，断股、损伤或闪络烧伤。"

图3-1-1　导线断股

图3-1-2　导线正常状态

🔍 常见缺陷3-2　导线损伤

1. 缺陷描述

某线路××号×线大（小）号侧第×间隔棒-第×间隔棒之间×号子导线损伤×股（见图3-2-1）。

2. 形成原因

施工提线时未对导线进行有效保护或运行期间导线受外力破坏。

3. 消缺措施

根据导线的损伤程度按照规程要求处理（见图3-2-2）。

4. 规程标准

《1000kV架空输电线路施工及验收规范》（Q/GDW 1153—2012）中"8.2.9 张力放线、紧线及附件安装时，应防止导线损伤，在容易产生损伤处应采取有效的预防措施：

a）导线在展放过程中不得与地面及被跨越物直接接触；

b）凡与导线直接接触的提线器、锚线架、钢丝绳等应进行挂胶处理或其他隔离措施；

c）跨越架与导线接触部分应采用不磨损导线的材料或不损伤导线的措施；

d）牵、张场导线可能落地的区域应采用不损伤导线的材料进行铺垫"。

《1000kV交流架空输电线路运行规程》（Q/GDW 1210—2014）中"6.1.3.3 检查导线、地线、光缆有无下列缺陷和运行情况的变化：a）导线、地线、光缆锈蚀，断股、损伤或闪络烧伤。"

图3-2-1　导线损伤　　　　　　　　图3-2-2　导线正常状态

🔍 常见缺陷3-3　导线松股

1.缺陷描述

某线路××号×线大（小）号侧第×间隔棒-第×间隔棒之间×号子导线松股（见图3-3-1）。

2.形成原因

施工过程中或其他原因使导线外层铝股受力不均。

3.消缺措施

整平修复松股部位，视松股严重情况采取相应措施（见图3-3-2）。

4.规程标准

《1000kV架空输电线路施工及验收规范》（Q/GDW 1153—2012）中"8.2.9 张力放线、紧线及附件安装时，应防止导线损伤，在容易产生损伤处应采取有效的预防措施：

a）导线在展放过程中不得与地面及被跨越物直接接触；

b）凡与导线直接接触的提线器、锚线架、钢丝绳等应进行挂胶处理或其他隔离措施；

c）跨越架与导线接触部分应采用不磨损导线的材料或不损伤导线的措施；

d）牵、张场导线可能落地的区域应采用不损伤导线的材料进行铺垫。"

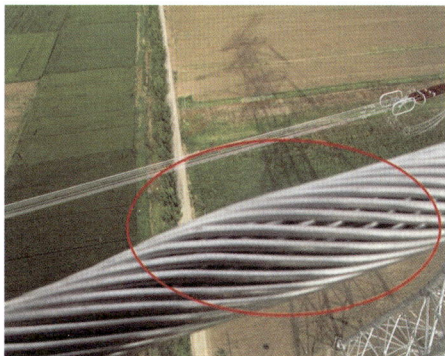

图3-3-1　导线松股　　　　　　　　　图3-3-2　导线正常状态

🔍 常见缺陷3-4　导线异物 ·····························●

1. 缺陷描述

某线路××号×线大（小）号侧第×间隔棒导线异物（风筝）（见图3-4-1）。

2. 形成原因

线路下方或附近地膜、热气球、广告牌、大棚塑料布等异物固定不牢，在风力的作用下刮到导线上。

3. 消缺措施

应及时带电处理，并加强电力设施保护宣传、做好大风天气特巡（见图3-4-2）。

4. 规程标准

《1000kV交流架空输电线路运行规程》（Q/GDW 1210—2014）中"6.1.3.3 检查导线、地线、光缆有无下列缺陷和运行情况的变化：g）导线、地线、光缆上悬挂有异物。"

图3-4-1　导线异物

图3-4-2　导线正常状态

🔍 常见缺陷3-5 OPGW接地线断开

1. 缺陷描述
某线路××号塔OPGW大（小）号侧接地线断开（见图3-5-1）。

2. 形成原因
运行过程中受风振影响，光缆接地线从并沟线夹中脱出。

3. 消缺措施
将接地线用并沟线夹重新接好，并采取防脱落措施（见图3-5-2）。

4. 规程标准
《1000kV交流架空输电线路运行规程》（Q/GDW 1210—2014）中"6.1.3.6 检查防雷设施和接地装置有无下列缺陷和运行情况的变化：c）地线、接地引下线、接地装置、连续接地线间连接、固定不牢以及锈蚀。"

图3-5-1 OPGW接地线断开

图3-5-2 OPGW接地线正常状态

🔍 常见缺陷3-6　引流线与金具磨碰

1. 缺陷描述

某线路××号×线大（小）号侧×号子引流线与金具磨碰（见图3-6-1）。

2. 形成原因

施工过程中施工工艺不良或耐张线夹压接方向错误。

3. 消缺措施

需使用调距线夹调整间隙或加装防护套（见图3-6-2）。

4. 规程标准

《1000kV交流架空输电线路运行规程》（Q/GDW 1210—2014）中"6.1.3.6 检查金具及附属设施有无下列缺陷和运行情况的变化：a）金具锈蚀、变形、磨损、裂纹。"

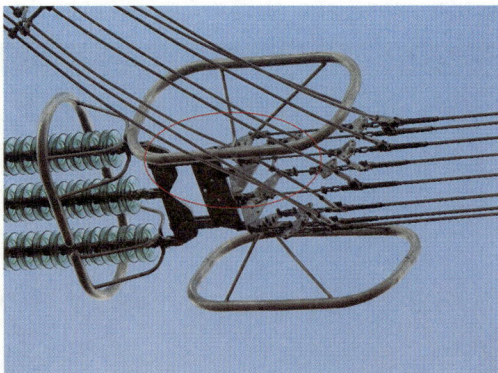

图3-6-1　引流线与金具磨碰

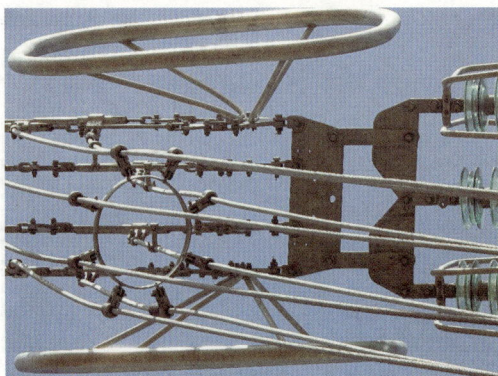

图3-6-2　引流线标准工艺

第4章　绝缘子类

常见缺陷4-1　瓷质绝缘子劣化

1. 缺陷描述

某线路××号×线大（小）号侧×串第×片绝缘子零值（见图4-1-1）。

2. 形成原因

产品制造工艺不良或运行过程中长期机电负荷导致绝缘子的电气性能下降。

3. 消缺措施

及时更换低、零值绝缘子（见图4-1-2）。

4. 规程标准

《1000kV交流架空输电线路检修规范》（Q/GDW 1209—2015）中"8.1.2 发现的劣化绝缘子及时进行更换，新更换瓷质或玻璃绝缘子电阻值应大于 500MΩ。"

图4-1-1　瓷质绝缘子劣化

图4-1-2　瓷质绝缘子正常状态

常见缺陷4-2　瓷质绝缘子破损

1.缺陷描述

某线路××号×线大（小）号侧×串第×片绝缘子破损（见图4-2-1）。

2.形成原因

产品制造工艺不良或运行过程中长期机电负荷导致绝缘子的机械性能下降。

3.消缺措施

及时更换破损绝缘子（见图4-2-2）。

4.规程标准

《1000kV交流架空输电线路运行规程》（Q/GDW 1210—2014）中"7.4.1 瓷质绝缘子瓷件破损，瓷质有裂纹，瓷釉表面闪络烧伤，应进行处理。"

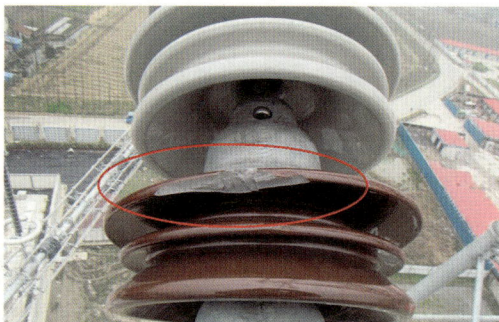

图4-2-1　瓷质绝缘子破损

图4-2-2　瓷质绝缘子正常状态

🔍 常见缺陷4-3　地线绝缘子放电间隙缺失

1. 缺陷描述

某线路××号×地线大（小）号侧放电间隙缺失（见图4-3-1）。

2. 形成原因

施工过程中漏装或运行过程中受风振影响脱落。

3. 消缺措施

补装放电间隙，并调整放电间隙使其安装距离偏差不大于±2mm，再紧固螺栓确保安装牢固（见图4-3-2）。

4. 规程标准

《1000kV架空输电线路施工及验收规范》（Q/GDW 1153—2012）中"8.5.13 绝缘架空地线放电间隙的安装距离偏差不应大于±2mm"。

《1000kV交流架空输电线路运行规程》（Q/GDW 1210—2014）中"6.1.3.5 检查防雷设施和接地装置有无下列缺陷和运行情况的变化：a）地线放电间隙变动、烧损。"

图4-3-1　地线绝缘子放电间隙缺失

图4-3-2　地线绝缘子放电间隙正常状态

🔍 常见缺陷4-4　地线绝缘子放电间隙烧损

1.缺陷描述

某线路××号×地线大（小）号侧放电间隙烧损（见图4-4-1）。

2.形成原因

放电间隙过小，运行过程中受感应电影响持续放电，造成放电间隙杆烧损。

3.消缺措施

补装放电间隙，并调整放电间隙使其安装距离偏差不大于±2mm，再紧固螺栓确保安装牢固（见图4-4-2）。

4.规程标准

《1000kV架空输电线路施工及验收规范》（Q/GDW 1153—2012）中"8.5.13 绝缘架空地线放电间隙的安装距离偏差不应大于±2mm。"

《1000kV交流架空输电线路运行规程》（Q/GDW 1210—2014）中"6.1.3.5 检查防雷设施和接地装置有无下列缺陷和运行情况的变化：a）地线放电间隙变动、烧损。"

图4-4-1　地线绝缘子放电间隙烧损

图4-4-2　地线绝缘子放电间隙正常状态

🔍 常见缺陷4-5　玻璃绝缘子自爆

1. 缺陷描述

某线路××号×线大（小）号侧×串第×片绝缘子自爆（见图4-5-1）。

2. 形成原因

产品制造工艺不良或运行过程中长期机电负荷。

3. 消缺措施

根据缺陷性质更换自爆绝缘子（见图4-5-2）。

4. 规程标准

《1000kV架空输电线路施工及验收规范》（Q/GDW 1153—2012）中"8.5.1　绝缘子安装前应逐个表面清洗干净，并应逐个（串）进行外观检查。安装时应检查碗头、球头与弹簧销子之间的间隙。在安装好弹簧销子的情况下球头不得自碗头中脱出。验收前应清除瓷（玻璃）表面的污垢。有机复合绝缘子伞套的表面不允许有开裂、脱落、破损等现象，绝缘子的芯棒与端部附件不应有明显的歪斜。"

《1000kV交流架空输电线路运行规程》（Q/GDW 1210—2014）中"7.4.2　玻璃绝缘子自爆或表面有闪络痕迹。"

图4-5-1　玻璃绝缘子自爆

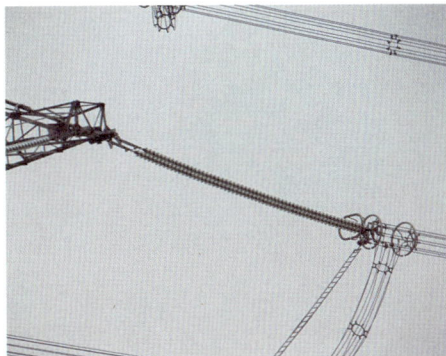

图4-5-2　玻璃绝缘子正常状态

🔍 常见缺陷4-6　复合绝缘子伞裙破损

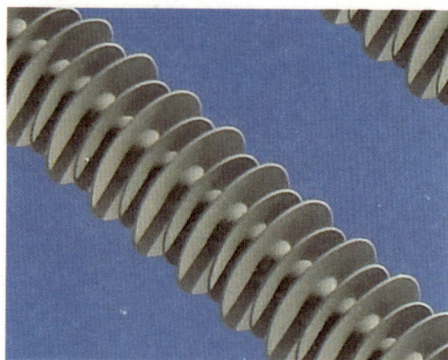

1.缺陷描述

某线路××号×线×侧复合绝缘子伞裙破损（见图4-6-1）。

2.形成原因

施工过程中复合绝缘子吊装时受锋利物损害或外力破坏。

3.消缺措施

按期更换破损复合绝缘子（见图4-6-2）。

4.规程标准

《1000kV架空输电线路施工及验收规范》（Q/GDW 1153—2012）中"8.5.1 绝缘子安装前应逐个表面清洗干净，并应逐个（串）进行外观检查。安装时应检查碗头、球头与弹簧销子之间的间隙。在安装好弹簧销子的情况下球头不得自碗头中脱出。验收前应清除瓷（玻璃）表面的污垢。有机复合绝缘子伞套的表面不允许有开裂、脱落、破损等现象，绝缘子的芯棒与端部附件不应有明显的歪斜。"

《1000kV交流架空输电线路运行规程》（Q/GDW 1210—2014）中"7.4.3 复合绝缘子伞裙、护套损坏或龟裂，粘结剂老化，均压环损坏，连接金具与护套发生位移。"

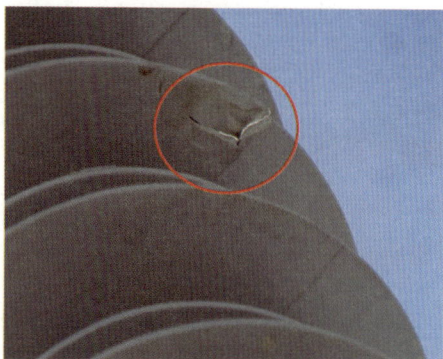

图4-6-1　复合绝缘子伞裙破损　　　　图4-6-2　复合绝缘子伞裙正常状态

第5章　金具类

🔍 常见缺陷5-1　悬垂线夹螺栓松动 ·································●

1.缺陷描述

某线路××号×线×号悬垂线夹螺栓松动（见图5-1-1）。

2.形成原因

施工工艺不良未紧固到位或运行后振动。

3.消缺措施

需紧固悬垂线夹螺栓并满足扭矩要求（见图5-1-2）。

4.规程标准

《1000kV交流架空输电线路运行规程》（Q/GDW 1210—2014）中"7.5.3 c）接续金具过热变色或连接螺栓松动，有相互位移时。"

图5-1-1　悬垂线夹螺栓松动

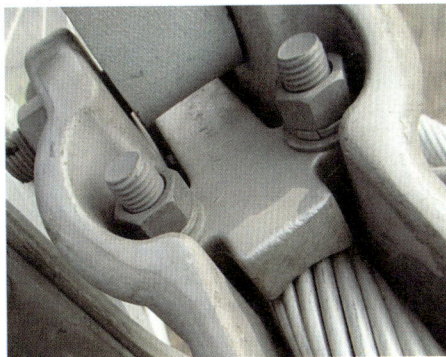

图5-1-2　悬垂线夹螺栓正常状态

🔍 常见缺陷5-2 引流板缺导电脂

1.缺陷描述

某线路××号×线×号子导线耐张线夹引流板未涂导电脂（见图5-2-1）。

2.形成原因

施工过程中未按规范要求在连接面涂抹导电脂。

3.消缺措施

清洗引流板，并补涂导电脂重新安装（见图5-2-2）。

4.规程标准

《1000kV架空输电线路施工及验收规范》（Q/GDW 1153—2012）中"8.5.15 铝制引流连板及并沟线夹的连接面应平整、光洁，安装应符合下列规定：b）应使用汽油洗擦连接面及导线表面污垢，并应涂上一层电力复合脂。用细钢丝刷清除有电力复合脂的表面氧化膜；c）保留电力复合脂，并应逐个均匀地拧紧连接螺栓。"

图5-2-1 引流板缺导电脂

图5-2-2 引流板标准工艺

🔍 常见缺陷5-3　耐张线夹与金具磨碰

1. 缺陷描述

某线路××号×线大（小）号侧×号子导线耐张线夹与金具磨碰（见图5-3-1）。

2. 形成原因

分裂导线较多施工工艺较难控制，耐张线夹压接管易与金具碰擦，且碰擦位置无法安装调距线夹。

3. 消缺措施

需采用专用护套管防护（见图5-3-2）。

4. 规程标准

《1000kV交流架空输电线路运行规程》（Q/GDW 1210—2014）中"7.5.1 金具发生变形、锈蚀、烧伤、裂纹，金具连接处转动不灵活，磨损后安全系数小于2.0（即低于原值80%）。"

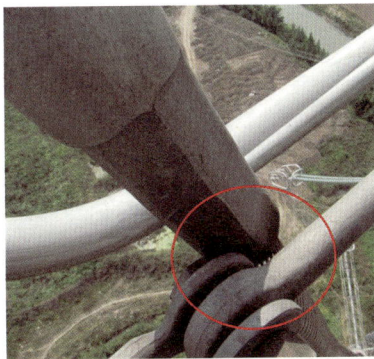

图5-3-1　耐张线夹与金具磨碰

图5-3-2　耐张线夹专用护套标准工艺

🔍 常见缺陷5-4 耐张线夹冻涨 ··

1.缺陷描述

某线路××号×线大（小）号侧×号子导线耐张线夹冻涨（见图5-4-1）。

2.形成原因

（1）施工压接不规范，线夹及压接管内残存过量水分，冬季耐张线夹内残存的水分凝结成冰体积膨胀，导致耐张线夹冻涨。

（2）雨水通过耐张线夹管口流入线夹内部，冬季线夹内雨水凝结成冰体积增大，造成耐张线夹冻涨。

3.消缺措施

更换耐张线夹，并重新压接（见图5-4-2）。

4.规程标准

《1000kV交流架空输电线路运行规程》（Q/GDW 1210—2014）中"7.5.1 金具发生变形、锈蚀、烧伤、裂纹，金具连接处转动不灵活，磨损后安全系数小于2.0（即低于原值80%）。"

图5-4-1 耐张线夹冻涨

图5-4-2 耐张线夹正常状态

🔍 常见缺陷5-5　压接管压接工艺不良 ··

1. 缺陷描述

某线路××号×线×号子导线耐张线夹压接少模（见图5-5-1）。

2. 形成原因

施工过程中未按照《输变电工程架空导线及地线液压压接工艺规程》（DL/T 5285—2013）有关要求施工。

3. 消缺措施

按照相关要求重新压接或更换压接管（见图5-5-2）。

4. 规程标准

《1000kV架空输电线路施工及验收规范》（Q/GDW 1153—2012）中"8.3.9 导线或架空地线的接续管、耐张线夹及补修管等采用液压连接时，应符合DL/T 5285—2013《输变电工程架空导线及地线液压压接工艺规程》的规定。对于新型的接续管、耐张线夹及补修管的压接工艺，应经试验及审批。"

《输变电工程架空导线及地线液压压接工艺规程》（DL/T 5285—2013）中"第5部分：导地线切割与穿管和第6部分压接工艺中相关技术要求用于控制压接长度准确性。"

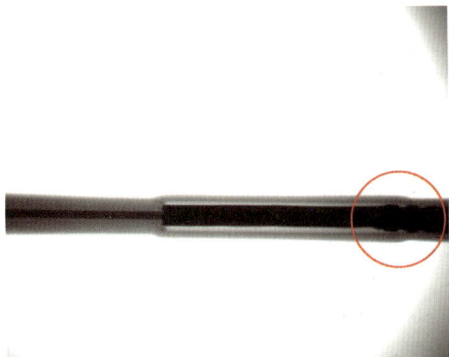

图5-5-1　压接管压接工艺不良　　　　　　图5-5-2　压接管压接正常状态

🔍 常见缺陷5-6   OPGW预绞丝散股

1.缺陷描述

某线路××号OPGW预绞丝散股（见图5-6-1）。

2.形成原因

施工工艺不良，预绞丝出现松股、散股、缺股、变形、端部不齐。

3.消缺措施

按照相关要求重新安装（见图5-6-2）。

4.规程标准

《1000kV架空输电线路施工及验收规范》（Q/GDW 1153—2012）中
"8.5.10 安装预绞丝护线条时，每条的中心与线夹中心应重合，对导线包裹应
紧固。"

图5-6-1　OPGW预绞丝散股

图5-6-2　OPGW预绞丝标准工艺

🔍 常见缺陷5-7　均压环变形

1. 缺陷描述

某线路××号×线大（小）号侧导线均压环变形（见图5-7-1）。

2. 形成原因

施工、检修不当或受外力等因素影响。

3. 消缺措施

需扶正均压环后紧固（见图5-7-2）。

4. 规程标准

《1000kV架空输电线路施工及验收规范》（Q/GDW 1153—2012）中"10.1.3 中间验收按基础工程、铁塔组立、架线工程、接地工程进行，在分部工程完成后实施验收，也可分批实施验收，各工程验收内容如下：c）架线工程：3）金具的规格、数量及连接安装质量，金具螺栓或销钉的规格、数量、穿向。"

《1000kV交流架空输电线路运行规程》（Q/GDW 1210—2014）中"7.5.2 屏蔽环、均压环出现倾斜与松动。"

图5-7-1　均压环变形

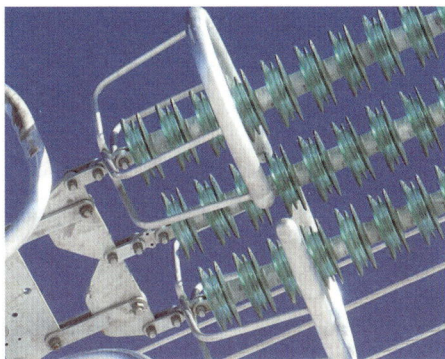

图5-7-2　均压环正常状态

🔍 常见缺陷5-8　均压环错位

1.缺陷描述

某线路××号×线大（小）号侧导线均压环错位（见图5-8-1）。

2.形成原因

施工安装不规范或受绝缘子串错位影响。

3.消缺措施

需扶正均压环后紧固（见图5-8-2）。

4.规程标准

《1000kV架空输电线路施工及验收规范》（Q/GDW 1153—2012）中"10.1.3 中间验收按基础工程、铁塔组立、架线工程、接地工程进行，在分部工程完成后实施验收，也可分批实施验收，各工程验收内容如下：c）架线工程：3）金具的规格、数量及连接安装质量，金具螺栓或销钉的规格、数量、穿向。"

《1000kV交流架空输电线路运行规程》（Q/GDW 1210—2014）中"7.5.2 屏蔽环、均压环出现倾斜与松动。"

图5-8-1　均压环错位

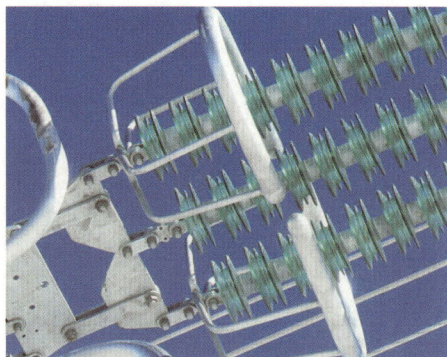

图5-8-2　均压环正常状态

🔍 常见缺陷5-9   均压环脱落

1.缺陷描述

某线路××号×线跳线绝缘子均压环脱落（见图5-9-1）。

2.形成原因

长时间受风振的影响，连接处螺栓松动，造成均压环脱落。

3.消缺措施

紧固连接处螺栓（见图5-9-2）。

4.规程标准

《1000kV交流架空输电线路运行规程》（Q/GDW 1210—2014）中"6.1.3.6 检查金具及附属设施有无下列缺陷和运行情况的变化：f）均压环、屏蔽环锈蚀及螺栓松动、偏斜。"

图5-9-1　均压环脱落

图5-9-2　均压环正常状态

🔍 常见缺陷5-10　均压环偏斜

1. 缺陷描述
某线路××号×线大（小）号侧绝缘子均压环偏斜（见图5-10-1）。

2. 形成原因
施工、检修不当或受外力影响变形。

3. 消缺措施
需扶正均压环后紧固（见图5-10-2）。

4. 规程标准
《1000kV交流架空输电线路运行规程》（Q/GDW 1210—2014）中"6.1.3.6 检查金具及附属设施有无下列缺陷和运行情况的变化：f）均压环、屏蔽环锈蚀及螺栓松动、偏斜。"

图5-10-1　均压环偏斜

图5-10-2　均压环正常状态

🔍 常见缺陷5-11　均压环螺栓松动

1. 缺陷描述

某线路××号×线跳线小均压环螺栓松动（见图5-11-1）。

2. 形成原因

长时间受风振的影响，造成均压环连接处螺栓松动。

3. 消缺措施

紧固连接处螺栓（见图5-11-2）。

4. 规程标准

《1000kV交流架空输电线路运行规程》（Q/GDW 1210—2014）中"6.1.3.6 检查金具及附属设施有无下列缺陷和运行情况的变化：f）均压环、屏蔽环锈蚀及螺栓松动、偏斜。"

图5-11-1　均压环螺栓松动

图5-11-2　均压环螺栓标准工艺

常见缺陷5-12 防振锤滑移

1.缺陷描述

某线路××号×地线大（小）号侧防振锤滑移（见图5-12-1）。

2.形成原因

安装防振锤时，螺栓力矩不足，导、地线在风力作用下振动，使防振锤螺栓松动，以致防振锤对导、地线握力不够而发生滑移。

3.消缺措施

将滑移的防振锤复位后紧固，并在螺杆上涂漆防松（见图5-12-2）。

4.规程标准

《1000kV交流架空输电线路运行规程》（Q/GDW 1210—2014）中"6.1.3.6检查金具及附属设施有无下列缺陷和运行情况的变化：c)防振锤滑移、脱落、偏斜、钢丝断股，阻尼线变形、烧伤。"

图5-12-1 防振锤滑移

图5-12-2 防振锤正常状态

🔍 常见缺陷5-13　接续管变形··

1. 缺陷描述

某线路××号×线大（小）号侧第×个-第×个间隔棒间×号接续管变形（见图5-13-1）。

2. 形成原因

压接工艺不良或在放线过程中保护措施不到位。

3. 消缺措施

对接续管重新校直或割断重接（见图5-13-2）。

4. 规程标准

《1000kV架空输电线路施工及验收规范》（Q/GDW 1153—2012）中"8.3.7 接续管及耐张管压后应检查其外观质量，并应符合下列规定：c）弯曲度不得大于2%，超过2%尚可校直时应校直。"

图5-13-1　接续管变形

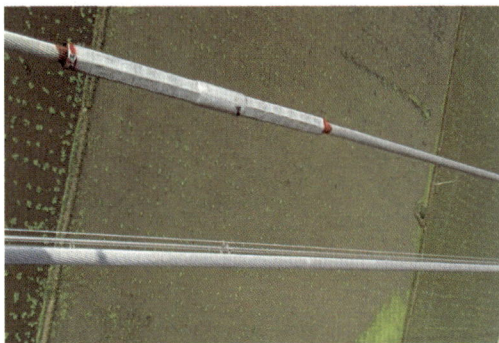

图5-13-2　接续管标准工艺

🔍 常见缺陷5-14 线夹偏移

1.缺陷描述

某线路××号×线OPGW线夹偏移（见图5-14-1）。

2.形成原因

（1）施工过程中线夹未垂直地平面安装。

（2）输电线路经过的路径地形起伏、线路档距不等，以及气温变化、覆冰荷载变化，使挂点两侧产生不同的悬垂角。

3.消缺措施

（1）需重新调整线夹，确保其垂直地平面。

（2）降低该耐张段内的导、地线使用张力，即做放松处理。

（3）改用悬垂角较大的悬垂线夹（见图5-14-2）。

4.规程标准

《国家电网公司输变电工程标准工艺标准库》（2016年版）中"0202010701绝缘型地线悬垂金具安装与0202010702接地型地线悬垂金具安装：工艺标准（2）悬垂线夹安装后，应垂直地平面。连续上、下山坡处杆塔上的悬垂线夹的安装位置应符合规定。施工要点（4）附件安装及地线弧垂调整后，如金具串倾斜超差应及时进行调整。"

图5-14-1 线夹偏移

图5-14-2 线夹标准工艺

🔍 常见缺陷5-15 金具螺栓缺失

1. 缺陷描述

某线路××号×线大（小）号侧小均压环螺栓缺失（见图5-15-1）。

2. 形成原因

施工过程漏装或运行过程中受风振脱落。

3. 消缺措施

需补装螺栓并采取防松措施（见图5-15-2）。

4. 规程标准

《1000kV交流架空输电线路运行规程》（Q/GDW 1210—2014）中"6.1.3.4 检查绝缘子有无下列缺陷和运行情况的变化：b）复合绝缘子伞裙破裂、烧伤，金具、均压环松动、变形、扭曲、锈蚀等异常情况。"

图5-15-1 金具螺栓缺失

图5-15-2 金具螺栓正常状态

常见缺陷5-16　金具螺母缺失

1.缺陷描述

某线路××号×线大（小）号侧小均压环螺母缺失（见图5-16-1）。

2.形成原因

施工过程漏装或运行过程中受风振脱落。

3.消缺措施

需补装螺母和锁紧销（见图5-16-2）。

4.规程标准

《1000kV交流架空输电线路运行规程》（Q/GDW 1210—2014）中"6.1.3.6检查金具及附属设施有无下列缺陷和运行情况的变化：a）金具锈蚀、变形、磨损、裂纹，锁紧销缺损或脱出，特别要注意检查金具经常活动、转动的部位和绝缘子串悬挂点的金具。"

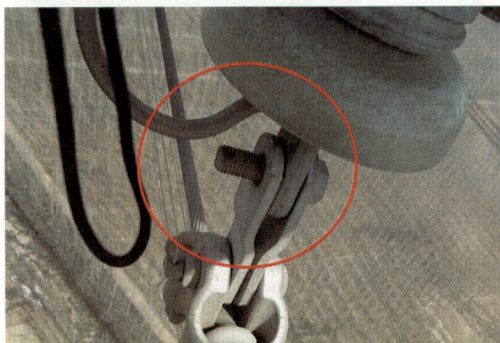

图5-16-1　金具螺母缺失

图5-16-2　金具螺母正常状态

🔍 常见缺陷5-17　金具螺栓缺开口销

1. 缺陷描述

某线路××号×线大（小）号侧××金具缺开口销（见图5-17-1）。

2. 形成原因

施工过程中未按要求安装或运行期间振动掉落。

3. 消缺措施

及时补装并开口处理（见图5-17-2）。

4. 规程标准

《1000kV架空输电线路施工及验收规范》（Q/GDW 1153—2012）中"8.5.8 各种金具插销的规格应与插孔配合，闭口销弹力适中。"

《1000kV交流架空输电线路运行规程》（Q/GDW 1210—2014）中"7.1.3.5 检查绝缘子及金具有无下列缺陷和运行情况的变形：d）金具锈蚀、变形、磨损、裂纹，锁紧销缺损或脱出，特别要注意检查经常活动、转动的部位和绝缘子串悬挂点的金具。"

图5-17-1　金具螺栓缺开口销

图5-17-2　金具螺栓标准工艺

第6章　接地装置类

🔍 常见缺陷6-1　接地联板断裂 ··

1.缺陷描述

某线路××号×腿接地联板断裂（见图6-1-1）。

2.形成原因

接地联板存在产品质量问题，联板处有损伤，紧固受力后或运行过程受外力破坏导致断裂。

3.消缺措施

及时更换并在附近地区加强电力设施保护宣传工作（见图6-1-2）。

4.规程标准

《1000kV交流架空输电线路运行规程》（Q/GDW 1210—2014）中"5.4.1金具本体不应出现变形、锈蚀、烧伤、裂纹，连接处转动应灵活，强度不应低于原值的80%。"

图6-1-1　接地联板断裂

图6-1-2　接地联板正常状态

🔍 常见缺陷6-2　接地引下线与接地体断开

1.缺陷描述

某线路××号×腿接地引下线与接地体断开（见图6-2-1）。

2.形成原因

运行过程中，接地引下线受到外力破坏，与接地体断开。

3.消缺措施

重新焊接接地引下线，并在当地加强相关电力设施保护宣传（见图6-2-2）。

4.规程标准

《1000kV交流架空输电线路运行规程》（Q/GDW 1210—2014）中"6.1.3.5 检查防雷设施和接地装置有无下列缺陷和运行情况的变化：d）地线、接地引下线、接地装置、连续接地线间连接、固定情况发生变化。"

图6-2-1　接地引下线与接地体断开

图6-2-2　接地引下线正常状态

🔍 常见缺陷6-3 接地体外露

1. 缺陷描述

某线路××号×腿×m处接地体外露（见图6-3-1）。

2. 形成原因

施工过程中接地体埋设深度不满足设计要求，加之运行过程中受外力破坏、水土流失等造成接地体外露。

3. 消缺措施

需重新埋设接地体，做好基础防止水土流失工作，并在当地加强相关电力设施保护宣传（见图6-3-2）。

4. 规程标准

《1000kV架空送电线路施工及验收规范》（Q/GDW 1153—2012）中"9.4垂直接地体深度应满足设计要求。"

《1000kV交流架空输电线路运行规程》（Q/GDW 1210—2014）中"6.1.3.5检查防雷设施和接地装置有无下列缺陷和运行情况的变化：d）地线、接地引下线、接地装置、连续接地线之间固定不牢以及锈蚀。"

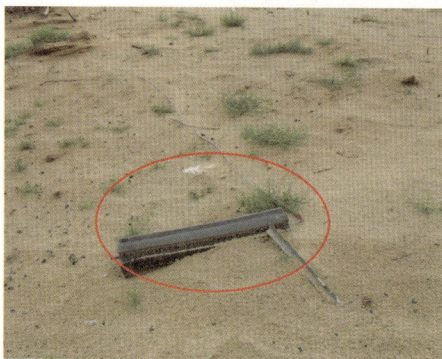

图6-3-1 接地体外露

图6-3-2 接地体正常状态

🔍 常见缺陷6-4   接地引下线锈蚀

1.缺陷描述

某线路××号×腿接地引下线锈蚀（见图6-4-1）。

2.形成原因

接地引下线镀锌工艺不良或长期运行受环境影响锈蚀。

3.消缺措施

需对接地引下线除锈后做防腐处理或更换（见图6-4-2）。

4.规程标准

《1000kV交流架空输电线路运行规程》（Q/GDW 1210—2014）中"6.1.3.5 检查防雷设施和接地装置有无下列缺陷和运行情况的变化：d）地线、接地引下线、接地装置、连续接地线间连接、固定情况发生变化。"

图6-4-1   接地引下线锈蚀

图6-4-2   接地引下线正常状态

🔍 常见缺陷6-5 接地螺栓缺失

1.缺陷描述

某线路××号×腿接地引下线接地螺栓缺失（见图6-5-1）。

2.形成原因

施工过程中漏装或运行过程中被外力破坏。

3.消缺措施

需补装接地螺栓，并加强相关电力设施保护宣传（见图6-5-2）。

4.规程标准

《1000kV架空输电线路施工及验收规范》（Q/GDW 1153—2012）中"9.6 接地引下线与铁塔的连接应接触良好并便于运行测量和检修。当引下线直接从架空地线引下时，引下线应紧靠塔身，并应每隔一定距离与塔身固定一次。"

《1000kV交流架空输电线路运行规程》（Q/GDW 1210—2014）中"6.1.3.5 检查防雷设施和接地装置有无下列缺陷和运行情况的变化：c）地线、接地引下线、接地装置、连续接地线间连接、固定情况发生变化。"

图6-5-1 接地螺栓缺失

图6-5-2 接地螺栓正常状态

第7章 通道环境类

🔍 **常见缺陷7-1 输电线路保护区内有违章建筑**

1.缺陷描述

某线路××号大（小）号侧线路保护区内存在违章建筑（见图7-1-1）。

2.形成原因

输电线路保护区内违章建房。

3.消缺措施

依据《中华人民共和国电力法》《电力设施保护条例》处理（见图7-1-2）。

4.规程标准

《1000kV架空输电线路施工及验收规范》（Q/GDW 1153—2012）中"附录A.3 无风情况下，边导线与建筑物之间的水平距离，不应小于表A.3-2所列数值。"

表 A.3-2 边导线与建筑物之间的水平距离

标称电压／kV	1000
距离／m	7

图7-1-1 输电线路保护区内有违章建筑

图7-1-2 输电线路保护区正常状态

🔍 常见缺陷7-2　输电线路下方树木与导线安全距离不足

1.缺陷描述

某线路××号大（小）号侧线路保护区内存在违章建筑（见图7-2-1）。

2.形成原因

基建阶段通道清理不彻底或运维阶段通道管控不到位。

3.消缺措施

需及时清理并加强通道管控（见图7-2-2）。

4.规程标准

《1000kV架空输电线路施工及验收规范》（Q/GDW 1153—2012）中"附录A.4送电线路通过林区，宜采用加高杆塔跨越林木不砍通道的方案。当跨越时，导线与树木（考虑自然生长高度）之间的垂直距离，不小于表A.4-1所列数值。当砍伐通道时，通道净宽度不应小于线路宽度加林区主要树种自然生长高度的2倍。通道附近超过主要树种自然生长高度的个别树木应砍伐。"

表 A.4-1　导线与树木之间的垂直距离

标称电压／kV	1000	
	单回路	同塔双回路（逆向序）
垂直距离／m	14	13

图7-2-1　输电线路下方树木与导线安全距离不足

图7-2-2　输电线路通道正常状态

🔍 常见缺陷7-3　输电线路下方低压线交跨角度不满足要求

1. 缺陷描述

某线路××号大（小）号侧×m处低压线交跨角度不满足要求（见图7-3-1）。

2. 形成原因

线路保护区内低压电力线路未按设计要求迁改。

3. 消缺措施

应与有关单位协商迁改处理（见图7-3-2）。

4. 规程标准

依据设计单位的设计方案："1000kV架空输电线路宜远离低压用电线路和通信线路，在路径受限制地区，与低压用电线路和通信线路的平行长度不宜大于1500m，与边导线的水平距离宜大于50m，必要时，通信线路应采取防护措施，受静电或电磁感应影响电压可能异常升高的入户低压线路应给予必要的处理。交叉角度小于15°的低压电力线和通信线须迁改，迁改范围为中心线两侧各70m，迁改后交叉角度不小于45°。"

图7-3-1　输电线路下方低压线交跨角度不满足要求

图7-3-2　输电线路下方低压线迁改后

🔍 常见缺陷7-4　塔基内杂物堆积

1. 缺陷描述

某线路××号塔基内杂物堆积（见图7-4-1）。

2. 形成原因

线路运行过程中，村民塔基内堆放杂物。

3. 消缺措施

需加强电力设施保护宣传，及时清理堆放的杂物（见图7-4-2）。

4. 规程标准

《1000kV交流架空输电线路运行规程》（Q/GDW 1210—2014）中"6.1.3.1 f）在线路保护区内兴建建筑物、烧窑、烧荒或堆放谷物、草料、垃圾、矿渣、易爆物及其他影响供电安全的物品。"

图7-4-1　塔基内杂物堆积

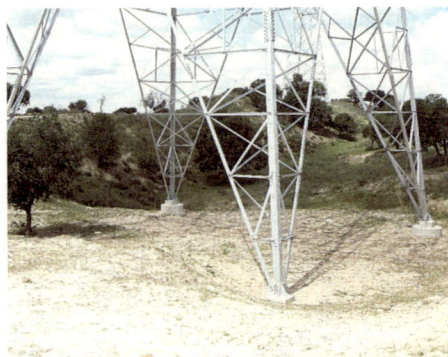

图7-4-2　塔基正常状态

🔍 常见缺陷7-5　输电线路保护区内存在外力破坏施工点

1. 缺陷描述

某线路××号大/（小）号侧×m处存在外力破坏施工点（见图7-5-1）。

2. 形成原因

运行过程中线路保护区内违章施工作业。

3. 消缺措施

加强电力设施保护宣传，及时与施工单位签订安全协议并加强施工现场管控，确保线路安全运行（见图7-5-2）。

4. 规程标准

《1000kV交流架空输电线路运行规程》（Q/GDW 1210—2014）中"6.1.3.1 i）在线路保护区内有进入或穿越保护区的超高机械。9.2 对保护区内使用吊车等大型施工机械，可能危及线路安全运行的作业，运行单位应及时予以制止或令其采取确保线路安全运行的措施，同时加强线路巡视和看护。"

图7-5-1　输电线路保护区内存在外力破坏施工点

图7-5-2　输电线路保护区正常状态

第8章 附属设施类

🔍 常见缺陷8-1 标识牌缺失

1. 缺陷描述

某线××号标识牌缺失（见图8-1-1）。

2. 形成原因

安装过程中漏装标识牌或运行过程中受风振、外力破坏等因素影响导致标识牌掉落。

3. 消缺措施

需重新加装标识牌，采取加固措施并在当地加强电力设施保护（见图8-1-2）。

4. 规程标准

《国家电网公司运维检修部关于进一步加强标准化输电线路建设的通知》中"2.1 每基杆塔应有杆号牌以及必要的起到安全警示作用的警示牌。杆号牌应有明显的线路名称、线路编号和杆塔号、色标标识。警示牌分为两类，一类是起到对非工作人员提示及警告义务的警示牌，内容为'高压危险禁止攀登'；一类是起到对工作人员提示作业安全的警示牌，内容为'认真核对防止误登'。"

图8-1-1 标识牌缺失

图8-1-2 标识牌正常状态

🔍 常见缺陷8-2　标识牌图文不清 ·····························

1.缺陷描述

某线××号标识牌图文不清（见图8-2-1）。

2.形成原因

运行过程中标识牌破损、面漆脱落。

3.消缺措施

需更换标识牌（见图8-2-2）。

4.规程标准

《1000kV交流架空输电线路运行规程》（Q/GDW 1210—2014）中"6.1.3.6 检查金具及附属设施有无下列缺陷和运行情况的变化：j）相位、警告、指示及防护等标志缺损、丢失，线路名称、杆塔编号字迹不清。"

图8-2-1　标识牌图文不清

图8-2-1　标识牌正常状态

常见缺陷8-3　航巡标识牌脱落

1. 缺陷描述

某线××号航巡标识牌脱落（见图8-3-1）。

2. 形成原因

航巡标识牌未用专用抱箍固定，受持续风力作用导致绑扎带断裂。

3. 消缺措施

采用专用抱箍固定（见图8-3-2）。

4. 规程标准

《1000kV交流架空输电线路运行规程》（Q/GDW 1210—2014）中"6.1.3.6 检查金具及附属设施有无下列缺陷和运行情况的变化：j）相位、警告、指示及防护等标志缺损、丢失，线路名称、杆塔编号字迹不清。"

图8-3-1　航空标识牌脱落

图8-3-2　航巡标识牌正常状态

🔍 常见缺陷8-4　防坠轨道闭锁装置失效

1.缺陷描述

某线××号防坠轨道下端闭锁装置失效（见图8-4-1）。

2.形成原因

产品质量不良、施工安装错误，或是使用过程中受力掉落。

3.消缺措施

需更换处理（见图8-4-2）。

4.规程标准

《1000kV交流架空输电线路运行规程》（Q/GDW 1210—2014）中"6.1.3.6 检查金具及附属设施有无下列缺陷和运行情况的变化：m）防坠落装置导轨、固定件锈蚀及螺栓松动，换向器损坏或变形。"

图8-4-1　防坠轨道闭锁装置失效

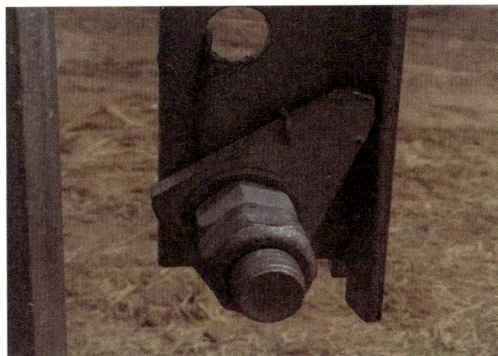

图8-4-2　防坠轨道闭锁装置正常状态

🔍 常见缺陷8-5   防坠轨道夹具脱落

1.缺陷描述

某线××号第×段防坠轨道轨道夹具脱落（见图8-5-1）。

2.形成原因

安装过程中漏装，或是运行过程中受风振、外力破坏等因素影响而脱落。

3.消缺措施

需重新安装（见图8-5-2）。

4.规程标准

《1000kV交流架空输电线路运行规程》（Q/GDW 1210—2014）中"6.1.3.6 检查金具及附属设施有无下列缺陷和运行情况的变化：m）防坠落装置导轨、固定件锈蚀及螺栓松动，换向器损坏或变形。"

图8-5-1   防坠轨道夹具脱落

图8-5-2   防坠轨道夹具正常状态

🔍 常见缺陷8-6　防坠轨道弯曲

1. 缺陷描述

某线××号塔第×段防坠落轨道弯曲（见图8-6-1）。

2. 形成原因

因制造、安装不规范，致使防坠轨道弯曲，无法正常使用。

3. 消缺措施

需更换或调整（见图8-6-2）。

4. 规程标准

《1000kV交流架空输电线路运行规程》（Q/GDW 1210—2014）中"6.1.3.6 检查金具及附属设施有无下列缺陷和运行情况的变化：m）防坠落装置导轨、固定件锈蚀及螺栓松动，换向器损坏或变形"。

图8-6-1　防坠轨道弯曲

图8-6-2　防坠轨道正常状态

🔍 常见缺陷8-7　在线监测装置脱落 ·································· ●

1. 缺陷描述

某线××号×线在线监测装置脱落（见图8-7-1）。

2. 形成原因

（1）在线监测装置出厂质量存在问题，卡环规格与导线型号不匹配。

（2）安装不规范。

3. 消缺措施

改进产品并按照标准工艺更换（见图8-7-2）。

4. 规程标准

《1000kV交流架空输电线路运行规程》（Q/GDW 1210—2014）中"6.1.3.6
检查金具及附属设施有无下列缺陷和运行情况的变化：i）各类监测装置缺损。"

图8-7-1　在线监测装置脱落

图8-7-2　在线监测装置正常状态

/第二篇/

特高压直流输电线路
常见缺陷

本篇汇总了特高压直流线路验收、运行、检修过程中发现的基础、杆塔、导地线、绝缘子、金具、接地装置、通道环境、附属设施8大类共56项常见问题及图片。

第9章 基础类

🔍 常见缺陷9-1 基础立柱表面麻面 ··•

1. 缺陷描述

某线路××号塔×腿基础立柱麻面（见图9-1-1）。

2. 形成原因

未按规定施工导致立柱麻面。

3. 消缺措施

修复处理基础立柱麻面问题（见图9-1-2）。

4. 规程标准

《±800kV及以下直流架空输电线路工程施工及验收规程》（DL/T 5235—2010）中"6.1.7 当底层混凝土初凝后浇筑上层混凝土时，或同一浇筑体必须分两次浇筑时，二次混凝土浇筑应符合下列规定：4 混凝土应细致捣实，使新旧混凝土紧密结合。"

图9-1-1 基础立柱表面麻面

图9-1-2 基础立柱标准工艺

🔍 常见缺陷9-2　基础保护范围内受到冲刷

1. 缺陷描述

某线路××号塔基础保护范围内受到冲刷（见图9-2-1）。

2. 形成原因

施工过程中未按规定修筑排水设施或运行过程中受雨水冲刷影响。

3. 消缺措施

修筑排水设施（见图9-2-2）。

4. 规程标准

《±800kV架空送电线路施工及验收规范》（Q/GDW 1225—2014）中"11.1 对易受洪水冲刷的铁塔基础，应按设计要求进行防护。塔位上山坡有水径流向铁塔基础时应在上山坡设置截水沟，靠近基础位置周边设置排水沟；截水沟和排水沟宜采用水泥砂浆抹面或块石砌筑。"

图9-2-1　基础保护范围内受到冲刷

图9-2-2　排水沟标准工艺

🔍 常见缺陷9-3　基础保护范围内滑坡

1.缺陷描述

某线路××号塔×面基础保护范围内滑坡（见图9-3-1）。

2.形成原因

遭遇50年一遇大暴雨，平均降雨量达134mm，杆塔基础×腿地处陡坡，遇雨水渗透后发生大面积表层土体滑坡。

3.消缺措施

首先校验基础的上拔承载力，同时清理影响杆塔基础主体稳定的堆渣，后续采取固土覆绿及修筑截水沟等措施（见图9-3-2）。

4.规程标准

《±800kV直流架空输电线路运行规程》（Q/GDW 332—2009）中"5.1.3 铁塔基础上方或周围有取土现象或水土流失情况，影响基础稳定。"

图9-3-1　基础保护范围内滑坡

图9-3-2　基础正常状态

🔍 常见缺陷9-4　基础护面破损

1. 缺陷描述

某线路××号塔×腿基础护面破损（见图9-4-1）。

2. 形成原因

线路运行中护坡遭受雨水冲刷或回填土下沉等。

3. 消缺措施

重新修筑护坡（见图9-4-2）。

4. 规程标准

《±800kV直流架空输电线路运行规程》（GB/T 28813—2012）中"6.1.1 基础表面水泥脱落、钢筋外露、基础周围环境发生不良变化时，应进行处理。"

图9-4-1　基础护面破损

图9-4-2　护面标准工艺

常见缺陷9-5　基础护坡倒塌

1. 缺陷描述

某线路××号塔×面基础护坡倒塌（见图9-5-1）。

2. 形成原因

施工过程中未按照标准施工工艺施工，运行过程中受雨水冲刷、外力破坏等因素影响。

3. 消缺措施

需修复护坡（见图9-5-2）。

4. 规程标准

《±800kV及以下直流架空输电线路工程施工及验收规程》（DL/T 5235—2010）中"5.0.1 土石方开挖应按设计施工，减少对需开挖以外地面的破坏，合理选择弃土堆放点，以保护自然植被及环境。铁塔基础施工基面的开挖应以设计图纸为准，按不同地质条件规定开挖边坡。基面开挖后应平整，不应积水，边坡不应。"

图9-5-1　基础护坡倒塌

图9-5-2　护坡标准工艺

🔍 常见缺陷9-6   基础保护帽破损

1. 缺陷描述

某线路××号塔×腿基础保护帽破损（见图9-6-1）。

2. 形成原因

施工过程中未有效保护保护帽成品或长时间运行风化破损。

3. 消缺措施

重新浇筑（见图9-6-2）。

4. 规程标准

《±800kV及以下直流架空输电线路工程施工及验收规程》（DL/T 5235—2010）中"6.2.13 基础拆模时的混凝土强度应保证其表面及棱角不损坏。"

图9-6-1   基础保护帽破损

图9-6-2   基础保护帽标准工艺

常见缺陷9-7　基础保护帽渗水

1. 缺陷描述

某线路××号塔×腿基础保护帽渗水（见图9-7-1）。

2. 形成原因

施工过程中未按规定选择碎石、卵石大小导致渗水。

3. 消缺措施

按照相关要求重新浇筑（见图9-7-2）。

4. 规程标准

《±800kV及以下直流架空输电线路工程施工及验收规程》（DL/T 5235—2010）中"3.0.7 浇制混凝土基础及防护设施所使用的碎石、卵石应符合JGJ 52的有关规定。"

图9-7-1　基础保护帽渗水

图9-7-2　基础保护帽标准工艺

第10章　杆塔类

🔍 常见缺陷10-1　塔材缺螺栓

1. 缺陷描述

某线路××号塔×号塔材与×号塔材连接处缺×个螺栓（见图10-1-1）。

2. 形成原因

施工过程中漏装或者运行过程中因风振、外力破坏缺失。

3. 消缺措施

补装缺失螺栓，并加强电力设施保护宣传（见图10-1-2）。

4. 规程标准

《±800kV直流架空输电线路运行规程》（GB/T 28813—2012）中"6.2.4 塔材丢失或锈蚀严重，铁塔螺栓松动或缺损，脚钉丢失，应进行处理。"

《±800kV架空送电线路施工及验收规范》（Q/GDW 1225—2014）中"8.2.1 铁塔各构件的组装应牢固。"

图10-1-1　塔材缺螺栓

图10-1-2　螺栓正常状态

🔍 常见缺陷10-2　塔材缺失

1.缺陷描述

某线路××号塔×号塔材与×号塔材连接处缺塔材（见图10-2-1）。

2.形成原因

施工过程中漏装或者运行过程中因风振、外力破坏缺失。

3.消缺措施

补装缺失塔材，并加强电力设施保护宣传（见图10-2-2）。

4.规程标准

《±800kV直流架空输电线路运行规程》（GB/T 28813—2012）中"6.2.4 塔材丢失或锈蚀严重，铁塔螺栓松动或缺损，脚钉丢失，应进行处理。"

图10-2-1　塔材缺失

图10-2-2　塔材正常状态

🔍 常见缺陷10-3　塔材变形

1. 缺陷描述

某线路××号塔×号塔材变形（见图10-3-1）。

2. 形成原因

施工运输过程中塔材受力变形或运行过程中遭受外力破坏。

3. 消缺措施

更换变形塔材，并加强电力设施保护宣传（见图10-3-2）。

4. 规程标准

《±800kV架空送电线路施工及验收规范》（Q/GDW 1225—2014）中"8.1.4 铁塔塔材的弯曲度应按GB/T 2694的规定验收。对运至桩位的个别角钢，当弯曲度超过长度的2‰，但未超过表8的变形限度时，可采用冷矫正法进行矫正，但矫正的角钢不得出现裂纹和锌层脱落。"

《±800kV直流架空输电线路运行规程》（GB/T 28813—2012）中"6.2.3 杆塔相邻节点间主材弯曲度角钢铁塔不超过1/750；钢管塔不得超过1/1000。"

图10-3-1　塔材变形

图10-3-2　塔材正常状态

🔍 常见缺陷10-4　塔材锈蚀

1.缺陷描述

某线路××号塔×号塔材镀锌层脱落生锈（见图10-4-1）。

2.形成原因

塔材镀锌工艺不良或运输、施工过程中磕碰。

3.消缺措施

除锈后镀锌（见图10-4-2）。

4.规程标准

《±800kV架空送电线路施工及验收规范》（Q/GDW 1225—2014）中"8.2.11　铁塔组立后锌层不应有破坏，表面清洁无明显污物，锈点、锈斑应进行防腐处理。"

图10-4-1　塔材锈蚀

图10-4-2　塔材正常状态

🔍 常见缺陷10-5　主材弯曲变形 ··•

1. 缺陷描述

某线路××号×号塔材第×段与第×段主材节点间弯曲，弯曲度为×‰（见图10-5-1）。

2. 形成原因

运输、施工过程中受力不均，或运行过程中遭受外力破坏。

3. 消缺措施

应采用冷矫正法矫正弯曲变形的部位，且不应伤及镀锌层，并加强电力设施保护宣传（见图10-5-2）。

4. 规程标准

《±800kV架空送电线路施工及验收规范》（Q/GDW 1225—2014）中"8.2.10 铁塔组立后，各相邻节点间主材弯曲度角钢铁塔不得超过1/750，钢管塔不得超过1/1000。"

《±800kV直流架空输电线路运行规程》（GB/T 28813—2012）中"6.2.3 杆塔相邻节点间主材弯曲度角钢铁塔不超过1/750；钢管塔不得超过1/1000。"

图10-5-1　主材弯曲变形

图10-5-2　正常主材

常见缺陷10-6　脚钉损伤变形

1. 缺陷描述

某线路××号塔×号×腿第×段第×个脚钉变形（见图10-6-1）。

2. 形成原因

施工、检修中遭磕碰或运行过程中受外力破坏。

3. 消缺措施

更换变形脚钉，并加强电力设施保护宣传（见图10-6-2）。

4. 规程标准

《±800kV架空送电线路施工及验收规范》（Q/GDW 225—2008）中"8.1.1 铁塔组立必须有完整的施工技术文件。组立过程中，应采取不导致部件变形或损坏的措施。"

图10-6-1　脚钉损伤变形

图10-6-2　脚钉正常状态

🔍 常见缺陷10-7　塔材超标扩孔

1.缺陷描述

某线路××号塔×号塔材有×个螺栓扩孔超过×mm（见图10-7-1）。

2.形成原因

塔材加工过程中塔材或联板开孔位置不准确。

3.消缺措施

需堵焊联板螺孔再重新打孔并做防锈处理或更换不符合标准的联板或塔材。（见图10-7-2）。

4.规程标准

《±800kV及以下直流架空输电线路工程施工及验收规程》（DL/T 5235—2010）中"7.2.4　铁塔部件组装有困难时应查明原因，严禁强行组装。个别螺孔需扩孔时，扩孔部分不应超过3mm，当扩孔超过3mm时，应先堵焊再重新打孔，并应进行防锈处理。严禁用气割进行扩孔或烧孔。"

图10-7-1　塔材超标扩孔

图10-7-2　塔材正常状态

🔍 常见缺陷10-8　铁塔防盗螺母未紧固

1. 缺陷描述

某线路××号塔×号塔材×个防盗螺母未紧固（见图10-8-1）。

2. 形成原因

施工过程中未按照要求有效紧固防盗螺母。

3. 消缺措施

紧固松动螺母（见图10-8-2）。

4. 规程标准

《±800kV及以下直流架空输电线路工程施工及验收规程》（DL／T 5235—2010）中"7.2.5　铁塔连接螺栓应逐个紧固。"

图10-8-1　铁塔防盗螺母未紧固

图10-8-2　防盗螺母正常状态

第11章　导地线类

常见缺陷11-1　导线损伤

1.缺陷描述

某线路××号塔极×线大（小）号侧第×个间隔棒至第×个间隔棒×号子导线导线损伤×股（见图11-1-1）。

2.形成原因

施工展放线过程中被锋利物划伤或运行过程中遭外力破坏。

3.消缺措施

根据损伤程度采取相应的修补措施（见图11-1-2）。

4.规程标准

《±800kV架空送电线路施工及验收规范》（Q/GDW 1225—2014）中"9.2.10　导线磨损的处理应符合下列规定：2　当导线损伤已超过轻微损伤，但在同一处损伤的强度损失尚不超过设计计算拉断力的8.5%，且损伤截面积不超过导电部分截面积的12.5%时为中度损伤。中度损伤应采用补修管进行补修。"

图11-1-1　导线损伤

图11-1-2　导线正常状态

🔍 常见缺陷11-2　地线断股

1. 缺陷描述

某线路××号塔×地线大（小）号侧××米处地线断×股，下垂约×m（见图11-2-1）。

2. 形成原因

（1）地线在施工展放过程中与锋利物接触或提线过程中未对地线进行有效保护。

（2）在雷电活动强烈区域，雷云中的能量和雷电放电形成的电弧造成地线断股。

3. 消缺措施

按规程要求补修破损处地线（见图11-2-2）。

4. 规程标准

《±800kV直流架空输电线路运行规程》（GB/T 28813—2012）中"7.1.3 巡视的主要内容：c）检查导线、地线、光纤复合架空地线有无下列缺陷和运行情况的变化：1）导线、地线、光纤复合架空地线锈蚀、断股、损伤或闪络烧伤。"

《±800kV架空送电线路施工及验收规范》（Q/GDW 1225—2014）中"9.2.11 架空地线应采用张力放线。架空地线采用镀锌钢绞线时，出现断股及金钩、破股等形成的永久变形均应割断重接。架空地线采用良导体线时，其损伤处理与导线相同。"

图11-2-1　地线断股

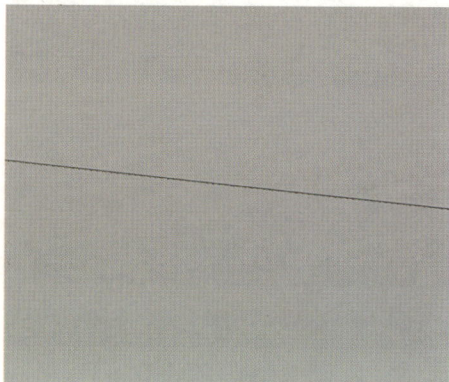

图11-2-2　地线正常状态

🔍 常见缺陷11-3　引流线与金具磨碰

1.缺陷描述

某线路××号塔极×线大（小）号侧引流×导线与延长杆碰触磨损（见图11-3-1）。

2.形成原因

（1）在长期微风振动情况下，引流支撑间隔棒发生疲劳破坏，导致引流导线与金具发生碰触磨损。

（2）引流线走线设计或者施工过程中引流线穿向不合理，也可导致此类问题的发生。

3.消缺措施

（1）调整部分引流导线穿向，尽量避免与金具碰触。

（2）无法调整的引流线，在碰触处加专用护套（见图11-3-2）。

4.规程标准

《电力金具通用技术条件》（GB/T 2314—2008）中"4.3.1 保护金具应能承受微风振动作用而不引起疲劳损坏。"

图11-3-1　引流线与金具磨碰

图11-3-2　引流线正常状态

🔍 常见缺陷11-4　OPGW接地线断开

1.缺陷描述

某线路××号塔OPGW接地线断开（见图11-4-1）。

2.形成原因

施工未按设计安装或运行过程中风振等外力因素造成脱落。

3.消缺措施

用并沟线夹将脱落的OPGW接地线重新连接上并采取防脱落措施（见图11-4-2）。

4.规程标准

《±800kV架空送电线路施工及验收规范》（Q/GDW 1225—2014）中"12.1.3 中间验收按铁塔组立前、导地线架设前、投运前三大部分组成。铁塔组立前验收包含土石方分部工程、基础分部工程，导地线架设前验收包含铁塔分部工程、接地分部工程，投运前验收包含架线分部工程、线路防护分部工程，具体分部验收内容如下：d）架线工程：12）光纤复合架空地线引下线及接续盒的安装质量，光纤接头熔接质量。"

《±800kV直流架空输电线路运行规程》（Q/GDW 332—2009）中"6.1.3 巡视的主要内容：6）检查附件及其他设施有无下列缺陷和运行情况的变化：d）光纤复合架空地线引下线、接续盒等设备有无损坏和异常。"

图11-4-1　OPGW接地线断开

图11-4-2　OPGW接地线正常状态

第12章　绝缘子类

🔍 常见缺陷12-1　瓷质绝缘子破损

1.缺陷描述

某线路××号塔极×线大（小）号侧×串第×片绝缘子破损（见图12-1-1）。

2.形成原因

（1）产品制造工艺不良。

（2）施工检修过程中受磕碰。

（3）运行过程中长期机电负荷导致绝缘子的机械性能下降。

3.消缺措施

及时更换破损绝缘子（见图12-1-2）。

4.规程标准

《±800kV架空送电线路施工及验收规范》（Q/GDW 1225—2014）中"9.5.6 附件安装时应采取防止工器具碰撞绝缘子的措施。"

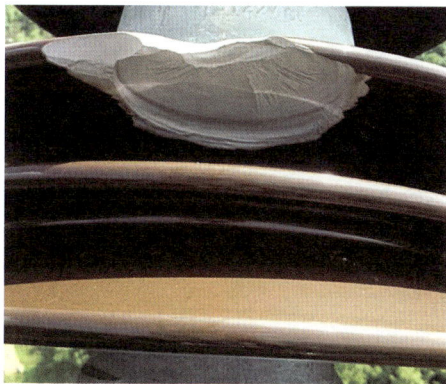

图12-1-1　瓷质绝缘子破损

图12-1-2　瓷质绝缘子正常状态

🔍 常见缺陷12-2 玻璃绝缘子脏污

1. 缺陷描述

某线路××号塔极×线大（小）号侧×串第×片绝缘子脏污（见图12-2-1）。

2. 形成原因

运行过程中受环境影响导致绝缘子积污。

3. 消缺措施

清扫脏污绝缘子（见图12-2-2）。

4. 规程标准

《±800kV直流架空输电线路运行规程》（GB/T 28813—2012）中"7.1.3 检查绝缘子及金具有无下列缺陷和运行情况的变化：d）绝缘子脏污，瓷质裂纹、破碎，钢化玻璃绝缘子爆裂，绝缘子钢帽及钢脚锈蚀，钢脚弯曲。"

图12-2-1 玻璃绝缘子脏污

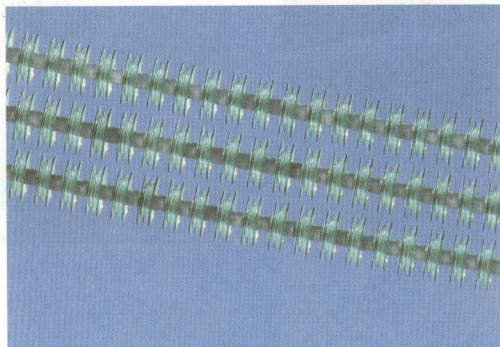

图12-2-2 玻璃绝缘子正常状态

🔍 常见缺陷12-3　玻璃绝缘子自爆

1.缺陷描述

某线路××号极×线大（小）号侧×串第×片玻璃绝缘子自爆（见图12-3-1）。

2.形成原因

制造工艺质量不佳静置时间不足、施工过程中玻璃绝缘子安装时受外力冲击或运行过程中绝缘子出现零值自爆。

3.消缺措施

根据缺陷性质及时更换（见图12-3-2）。

4.规程标准

《±800kV架空送电线路施工及验收规范》（Q/GDW 1225—2014）中"9.5.1 绝缘子安装前应逐个表面清洗干净，并应逐个（串）进行外观检查。"

《±800kV直流架空输电线路运行规程》（GB/T 28813—2012）中"6.1.3 巡视的主要内容：d）检查绝缘子有无下列缺陷和运行情况的变化：a）绝缘子脏污，瓷质裂纹、破碎，钢化玻璃绝缘子爆裂，绝缘子钢帽及钢脚锈蚀，钢脚弯曲。"

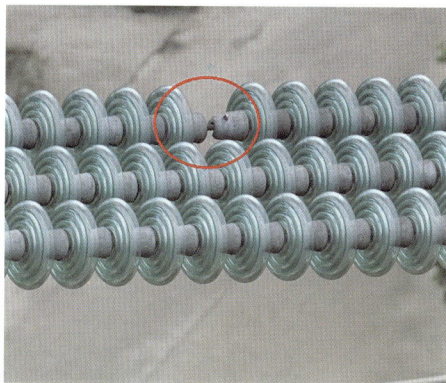

图12-3-1　玻璃绝缘子自爆　　　　图12-3-2　玻璃绝缘子正常状态

常见缺陷12-4　PRTV涂层破损

1. 缺陷描述

某线路××号塔极×线大（小）号侧×串第×片绝缘子PRTV破损（见图12-4-1）。

2. 形成原因

施工、检修中受外力磕碰损坏。

3. 消缺措施

复涂PRTV破损的绝缘子（见图12-4-2）。

4. 规程标准

《电力设备外绝缘用持久性就地成型防污闪复合涂料（PRTV）技术条件及使用导则》（Q/HBW 14204）中"7.10 涂层均匀、光滑，不堆积、不流淌、无气泡、无拉丝、无缺损、无漏涂。"

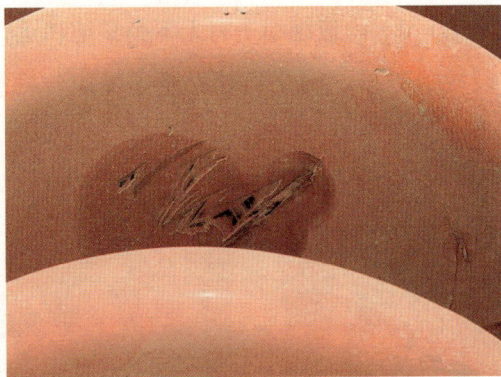

图12-4-1　PRTV涂层破损

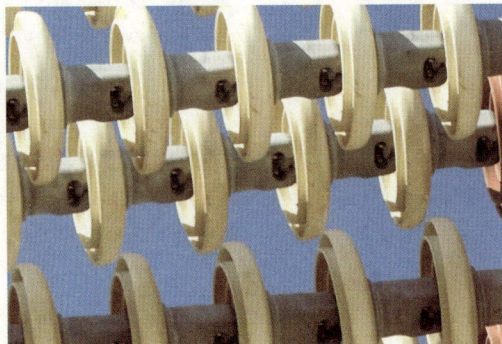

图12-4-2　PRTV标准工艺

🔍 常见缺陷12-5　复合绝缘子端部护套破损

1.缺陷描述

某线路××号塔极×线×侧复合绝缘子端部护套破损（见图12-5-1）。

2.形成原因

绝缘子质量问题或受外力破坏。

3.消缺措施

更换处理护套破损绝缘子（见图12-5-2）。

4.规程标准

《国家电网有限公司十八项电网重大反事故措施（修订版）》（国家电网设备〔2018〕979号）中"6.3.2.4 加强瓷绝缘子检测，及时更换零低值瓷绝缘子及自爆玻璃绝缘子。加强复合绝缘子护套和端部金具连接部位的检查，端部密封破损及护套严重损坏的复合绝缘子应及时更换。"

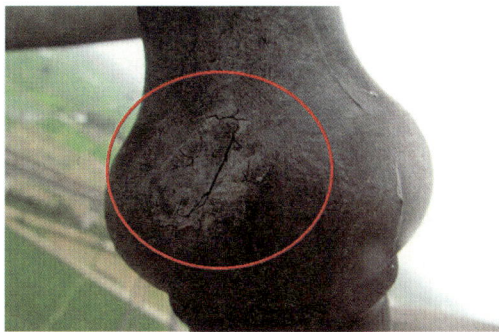

图12-5-1　复合绝缘子端部护套破损

图12-5-2　复合绝缘子端部护套正常状态

第13章　金具类

🔍 常见缺陷13-1　悬垂线夹螺栓缺失

1.缺陷描述

某线路××号塔极×线×号子导线悬垂线夹缺×个螺栓（见图13-1-1）。

2.形成原因

施工过程中未安装或运行过程中受风振等外力因素影响。

3.消缺措施

需补装螺栓（见图13-1-2）。

4.规程标准

《±800kV直流架空输电线路运行规程》（Q/GDW 332—2009）中"12.1.3中间验收按铁塔组立前、导地线架设前、投运前三大部分组成。铁塔组立前验收包含土石方分部工程、基础分部工程，导地线架设前验收包含铁塔分部工程、接地分部工程，投运前验收包含架线分部工程、线路防护分部工程，具体分部验收内容如下：b）架线工程：2）金具的规格、数量及连接安装质量，金具螺栓或销钉的规格、数量、穿向。"

图13-1-1　悬垂线夹螺栓缺失

图13-1-2　悬垂线夹正常状态

🔍 常见缺陷13-2 悬垂线夹螺栓缺开口销

1. 缺陷描述

某线路××号塔极x线x号子导线悬垂线夹挂轴螺栓缺开口销（见图13-2-1）。

2. 形成原因

施工过程施工人员漏装或运行过程中开口销失效。

3. 消缺措施

补装螺栓开口销并有效开口（见图13-2-2）。

4. 规程标准

《国家电网有限公司十八项电网重大反事故措施（修订版）》（国家电网设备〔2018〕979号）中"6.3.2.3 应认真检查锁紧销的运行状况，锈蚀严重及失去弹性的应及时更换；特别应加强V串复合绝缘子锁紧销的检查，防止因锁紧销受压变形失效而导致掉线事故。"

图13-2-1 悬垂线夹螺栓缺开口销

图13-2-2 悬垂线夹螺栓开口销正常状态

🔍 常见缺陷13-3　耐张线夹压接不合格 ·····················●

1.缺陷描述

某线路××号塔极×线大（小）号侧×号子导线耐张线夹压接不合格（见图13-3-1）。

2.形成原因

未按工艺要求压接。

3. 消缺措施

更换重新压接管（见图13-3-2）。

4.规程标准

《±800kV及以下直流架空输电线路工程施工及验收规程》DL/T 5235—2010中"8.3.9 导线或架空地线的接续管、耐张线夹及补修管等采用液压连接，必须符合SDJ 226的规定。"

图13-3-1　耐张线夹压接不合格

图13-3-2　耐张线夹标准工艺

常见缺陷13-4　耐张线夹引流板损伤

1. 缺陷描述

某线路××号塔极×线大（小）号侧×号子导线耐张线夹引流板损伤（见图13-4-1）。

2. 形成原因

施工过程工艺不良。

3. 消缺措施

轻微损伤需砂纸磨平，严重损伤需更换引流板（见图13-4-2）。

4. 规程标准

《±800kV架空送电线路施工及验收规范》（Q/GDW 1225—2014）中"9.5.19 铝制引流连板及并沟线夹的连接面应平整，光洁。"

图13-4-1　耐张线夹引流板损伤

图13-4-2　耐张线夹正常状态

🔍 常见缺陷13-5　引流板内有异物

1.缺陷描述

某线路××号塔极×线大（小）号侧×号子导线耐张线夹引流板内有异物（见图13-5-1）。

2.形成原因

施工工艺不良。

3.消缺措施

清除油纸，重涂导电脂（见图13-5-2）。

4.规程标准

《±800kV架空送电线路施工及验收规范》（Q/GDW 1225—2014）中"9.5.19 铝制引流连板及并沟线夹的连接面应平整，光洁，安装应符合下列规定：b）应使用汽油洗擦连接面及导线表面污垢，并应涂上一层导电脂。用细钢丝刷清除有导电脂的表面氧化膜。"

图13-5-1　引流板内有异物

图13-5-2　引流板正常状态

🔍 常见缺陷13-6　防振锤扭曲变形

1. 缺陷描述

某线路××号塔极×线地线大(小)号侧第×个防振锤扭曲变形(见图13-6-1)。

2. 形成原因

防振锤产品质量不良,长期运行导致疲劳变形。

3. 消缺措施

及时更换变形防振锤(见图13-6-2)。

4. 规程标准

《±800kV直流架空输电线路运行规程》(GB/T 28813—2012)中"6.5.4 防振锤移位、疲劳、脱落,应进行处理。"

图13-6-1　防振锤扭曲变形

图13-6-2　防振锤正常状态

常见缺陷13-7　引流线调距线夹断裂

1.缺陷描述

某线路××号极×线大（小）号侧×号子导线引流线调距线夹断裂（见图13-7-1）。

2.形成原因

施工工艺不良或在线路运行过程中由于外力因素造成导线引流线调距线夹断裂。

3.消缺措施

及时更换（见图13-7-2）。

4.规程标准

《±800kV直流架空输电线路运行规程》（GB/T 28813—2012）中"7.1.3（f）（1）金具锈蚀、变形、磨损、裂纹，开口销及弹簧销缺损或脱出。"

图13-7-1　引流线调距线夹断裂

图13-7-2　引流线调距线夹正常状态

🔍 常见缺陷13-8　复合绝缘子均压环损坏

1.缺陷描述

某线路××号塔极×线×侧复合绝缘子均压环损坏（见图13-8-1）。

2.形成原因

施工过程中复合绝缘子均压环吊装时被磕碰损坏。

3.消缺措施

需更换处理（见图13-8-2）。

4.规程标准

《±800kV架空送电线路施工及验收规范》（Q/GDW 1225—2014）中"12.1.3 中间验收按铁塔组立前、导地线架设前、投运前三大部分组成。铁塔组立前验收包含土石方分部工程、基础分部工程，导地线架设前验收包含铁塔分部工程、接地分部工程，投运前验收包含架线分部工程、线路防护分部工程，具体分部验收内容如下：d）3）金具的规格、数量及连接安装质量。"

图13-8-1　复合绝缘子均压环损坏

图13-8-2　复合绝缘子均压环正常状态

🔍 常见缺陷13-9　复合绝缘子均压环脱落

1. 缺陷描述

某线路××号塔极×线×侧合成绝缘子均压环损坏脱落（见图13-9-1）。

2. 形成原因

施工、检修过程中磕碰。

3. 消缺措施

及时更换（见图13-9-2）。

4. 规程标准

《±800kV架空送电线路施工及验收规范》（Q/GDW 1225—2014）中"12.1.3 中间验收按铁塔组立前、导地线架设前、投运前三大部分组成。铁塔组立前验收包含土石方分部工程、基础分部工程，导地线架设前验收包含铁塔分部工程、接地分部工程，投运前验收包含架线分部工程、线路防护分部工程，具体分部验收内容如下：d） 3）金具的规格、数量及连接安装质量。"

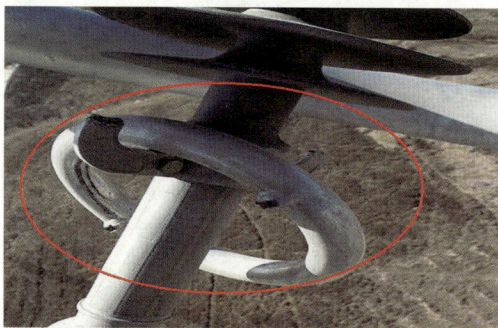

图13-9-1　复合绝缘子均压环脱落

图13-9-2　复合绝缘子均压环正常状态

🔍 常见缺陷13-10　复合绝缘子均压环螺栓缺弹簧垫片

1. 缺陷描述

某线路××号塔极×线×侧合成绝缘子均压环卡具螺栓缺弹簧垫片（见图13-10-1）。

2. 形成原因

施工过程漏装。

3. 消缺措施

需补装处理（见图13-10-2）。

4. 规程标准

《±800kV架空送电线路施工及验收规范》（Q/GDW 1225—2014）中"12.1.3 中间验收按铁塔组立前、导地线架设前、投运前三大部分组成。铁塔组立前验收包含土石方分部工程、基础分部工程，导地线架设前验收包含铁塔分部工程、接地分部工程，投运前验收包含架线分部工程、线路防护分部工程，具体分部验收内容如下：d）3）金具的规格、数量及连接安装质量。"

图13-10-1　复合绝缘子均压环螺栓缺弹簧垫片

图13-10-2　复合绝缘子均压环螺栓正常状态

🔍 常见缺陷13-11 间隔棒橡胶垫缺失

1. 缺陷描述

某线路××号塔极×线大（小）号侧第×个间隔棒×号子导线橡胶垫缺失（见图13-11-1）。

2. 形成原因

施工过程中未安装或运行过程受风振影响。

3. 消缺措施

及时补装（见图13-11-2）。

4. 规程标准

《±800kV架空送电线路施工及验收规范》（Q/GDW 1225—2014）中"12.1.3 中间验收按铁塔组立前、导地线架设前、投运前三大部分组成。铁塔组立前验收包含土石方分部工程、基础分部工程，导地线架设前验收包含铁塔分部工程、接地分部工程，投运前验收包含架线分部工程、线路防护分部工程，具体分部验收内容如下：d）9）间隔棒的安装位置及安装质量。"

《±800kV直流架空输电线路运行规程》（Q/GDW 332—2009）中"5.5.5 间隔棒松动、扭转、线夹松脱，需进行处理。"

图13-11-1 间隔棒橡胶垫缺失

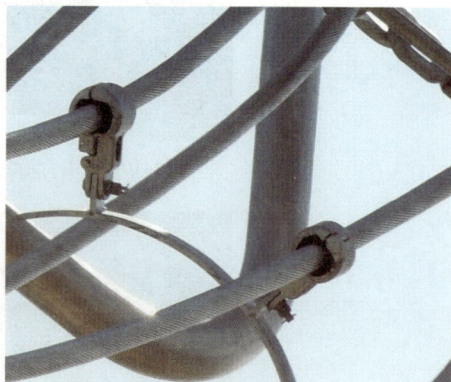

图13-11-2 间隔棒正常状态

🔍 常见缺陷13-12　　间隔棒握爪脱落

1.缺陷描述

某线路××号塔极×线大（小）号侧第×个间隔棒×号子导线握爪脱落（见图13-12-1）。

2.形成原因

施工过程中未安装或者导线长期振动过程导致销钉脱落。

3.消缺措施

恢复握爪补装销钉（见图13-12-2）。

4.规程标准

《±800kV架空送电线路施工及验收规范》（Q/GDW 1225—2014）中"12.1.3 中间验收按铁塔组立前、导地线架设前、投运前三大部分组成。铁塔组立前验收包含土石方分部工程、基础分部工程，导地线架设前验收包含铁塔分部工程、接地分部工程，投运前验收包含架线分部工程、线路防护分部工程，具体分部验收内容如下：d）9）间隔棒的安装位置及安装质量。"

《±800kV直流架空输电线路运行规程》（Q/GDW 332—2009）中"5.5.5 间隔棒松动、扭转、线夹松脱，需进行处理。"

图13-12-1　间隔棒握爪脱落

图13-12-2　间隔棒握爪正常状态

🔍 常见缺陷13-13　压接管弯曲 ·······················•

1.缺陷描述

某线路××号塔极×线大（小）号侧第×个间隔棒至第×个间隔棒×号压接管弯曲，弯曲度为×（见图13-13-1）。

2.形成原因

压接工艺不良或在放线过程中保护措施不到位。

3.消缺措施

对压接管重新校直或割断重接（见图13-13-2）。

4.规程标准

《±800kV架空送电线路施工及验收规范》（Q/GDW 1225—2014）中"12.1.3 中间验收按铁塔组立前、导地线架设前、投运前三大部分组成。铁塔组立前验收包含土石方分部工程、基础分部工程，导地线架设前验收包含铁塔分部工程、接地分部工程，投运前验收包含架线分部工程、线路防护分部工程，具体分部验收内容如下：d）9）间隔棒的安装位置及安装质量。"

《±800kV直流架空输电线路运行规程》（Q/GDW 332—2009）中"5.5.5 间隔棒松动、扭转、线夹松脱，需进行处理。"

图13-13-1　压接管弯曲

图13-13-2　压接管标准工艺

🔍 常见缺陷13-14　压接管与间隔棒距离不足

1. 缺陷描述

某线路××号塔极×线大（小）号侧第×个间隔棒与×号接续管距离为×cm，距离过近（见图13-14-1）。

2. 形成原因

施工人员对间隔棒安装位置测量不准确。

3. 消缺措施

需根据设计图纸重新测量、调整安装位置（见图13-14-2）。

4. 规程标准

《±800kV架空送电线路施工及验收规范》（Q/GDW 1225—2014）中"9.3.9　在一个档距内每根导线或架空地线上只允许有一个接续管和两个补修管，并应满足下列规定：c）接续管或补修管与间隔棒中心的距离不宜小于0.5m。"

图13-14-1　压接管与间隔棒距离不足

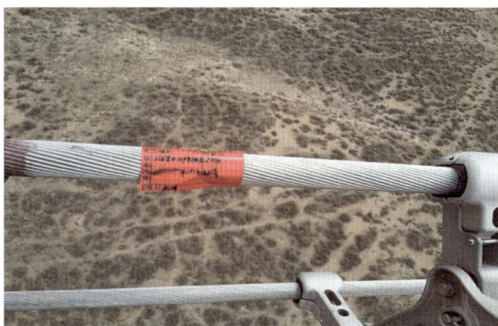

图13-14-2　压接管与间隔棒正常距离

🔍 常见缺陷13-15　刚性跳线管母金具销钉脱位

1.缺陷描述

某线路××号塔极×线刚性跳线管母金具销钉脱位（见图13-15-1）。

2.形成原因

线路在运行过程中管母上下摆动。

3.消缺措施

需复位脱位销钉（见图13-15-2）。

4.规程标准

《±800kV直流架空输电线路运行规程》（Q/GDW 332—2009）中"6.1.3 巡视的主要内容：4）检查绝缘子及金具有无下列缺陷和运行情况的变化：d）金具锈蚀、变形、磨损、裂纹，开口销及弹簧销缺损或脱出。"

图13-15-1　刚性跳线管母金具销钉脱位

图13-15-2　刚性跳线管母金具销钉正常状态

🔍 常见缺陷13-16　管母接头联板温升异常

1. 缺陷描述

某线路××号塔极×线大（小）号侧跳线管母接头联板温升异常（见图13-16-1）。

2. 形成原因

线路在长期运行过程中风振等导致管母连接处螺栓松动。

3. 消缺措施

需及时紧固（见图13-16-2）。

4. 规程标准

《±800kV直流架空输电线路运行规程》（Q/GDW 332—2009）中"5 运行标准±800kV直流架空输电线路设备运行状况超过下述各条标准或出现下述各种不应出现的情况时，应进行处理。5.5.3 接续金具出现下列任一情况：2）接续金具测试温度高于导线温度10℃，跳线联板温度高于导线温度10℃。4）接续金具过热变色或连接螺栓松动，有相互位移。"

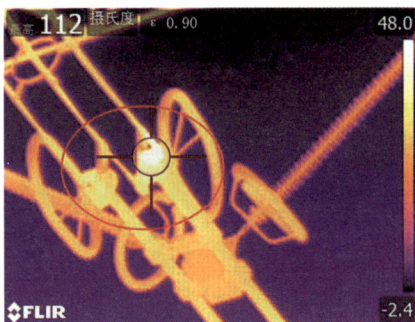

图13-16-1　管母接头联板温升异常

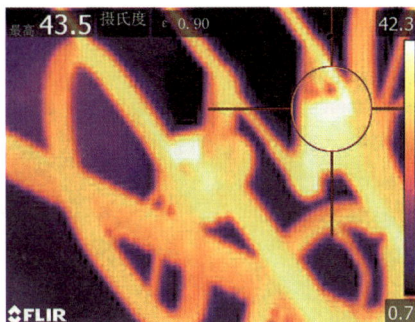

图13-16-2　管母接头联板正常状态

第14章 接地装置类

🔍 常见缺陷14-1 接地体埋设深度不足 ·····································●

1.缺陷描述

某线路××号塔×腿接地体埋设深度不足（见图14-1-1）。

2.形成原因

施工未按设计要求埋设。

3.消缺措施

开挖接地沟，按照设计要求重新埋设（见图14-1-2）。

4.规程标准

《±800kV及以下直流架空输电线路工程施工及验收规程》（DL/T 5235—2010）中"9.0.1 接地体的规格、埋深应符合设计规定。"

《接地装置施工及验收规范》（GB 50169—2006）中"3.3.1 接地体顶面埋设深度应符合设计规定。当无规定时，不应小于0.6m。"

图14-1-1 接地体埋设深度不足

图14-1-2 接地体埋设标准工艺

🔍 常见缺陷14-2　接地体搭接长度不足

1. 缺陷描述

某线路××号塔×腿接地体搭接长度不足（见图14-2-1）。

2. 形成原因

施工过程中未按照圆钢直径6倍施焊，且焊接面凹凸不平。

3. 消缺措施

按照规程要求重新焊接（见图14-2-2）。

4. 规程标准

《±800kV及以下直流架空输电线路工程施工及验收规程》（DL/T 5235—2010）中"9.0.5 当采用搭接焊接时，圆钢与圆钢、圆钢与扁钢的搭接长度应不少于其直径的6倍并应双面施焊；扁钢的搭接长度应不少于其宽带的2倍并应四面施焊。"

图14-2-1　接地体搭接长度不足

图14-2-2　接地体搭接标准工艺

🔍 常见缺陷14-3　铜包钢接地体连接不合格

1.缺陷描述

某线路××号塔×腿接地体连接不合格（见图14-3-1）。

2.形成原因

接地体焊接过程中工艺不良。

3.消缺措施

按照规程要求重新焊接（见图14-3-2）。

4.规程标准

《±800kV架空送电线路施工及验收规范》（Q/GDW 1225—2014）中"10.5 采用铜包钢接地圆钢的焊接采用热剂焊，施工符合GB 50169的规定，被连接的导体应完全包含在接头里，连接处金属完全融化，连接牢固，接头表面光滑、无贯穿性气孔。"

图14-3-1　铜包钢接地体连接不合格

图14-3-2　铜包钢接地体连接标准工艺

🔍 常见缺陷14-4　接地引下线镀锌层脱落

1.缺陷描述

某线路××号塔×腿接地引下线镀锌层脱落（见图14-4-1）。

2.形成原因

接地引下线制作过程中形成损伤，导致锌皮脱落。

3.消缺措施

重新补涂（见图14-4-2）。

4.规程标准

《±800kV架空送电线路施工及验收规范》（Q/GDW 1225—2014）中
"9.5.2　金具的镀锌层有局部碰损、剥落或缺锌，应除锈后补刷防锈漆。"

图14-4-1　接地引下线镀锌层破损

图14-4-2　接地引下线标准工艺

常见缺陷14-5　接地引下线与接地联板断开

1.缺陷描述

某线路××号塔×腿接地引下线与接地联板断开（见图14-5-1）。

2.形成原因

接地联板存在产品质量问题，压接不良，在紧固受力后断开。

3.消缺措施

需重新压接（见图14-5-2）。

4.规程标准

《±800kV架空送电线路施工及验收规范》（Q/GDW 1225—2014）中"10.7 接地引下线与铁塔的连接应接触良好。"

图14-5-1　接地引下线与接地联板断开

图14-5-2　接地引下线与接地联板正常状态

🔍 常见缺陷14-6　接地螺栓型号不匹配

1.缺陷描述

某线路××号塔×腿接地螺栓型号不匹配（见图14-6-1）。

2.形成原因

施工过程中所用接地螺栓型号不匹配，以短代长，无法紧固到位，确保引下线联板与铁塔紧密接触。

3.消缺措施

需更换螺栓（见图14-6-2）。

4.规程标准

《±800kV架空送电线路施工及验收规范》（Q/GDW 1225—2014）中"10.7　接地引下线与铁塔的连接应接触良好，为便于运行测量接地电阻和检修。"

图14-6-1　接地螺栓型号不匹配

图14-6-2　接地螺栓型号正常状态

第15章 通道环境类

🔍 常见缺陷15-1 输电线路保护区内存在外力破坏施工点 ·················•

1.缺陷描述

某线路××号塔大（小）号侧线路保护区内存在外力破坏施工点（见图15-1-1）。

2.形成原因

运行过程中线路保护区内违章施工作业。

3.消缺措施

加强外破施工点现场管控，签订安全协议，采用人防、物防、技防相结合的手段确保现场安全施工（见图15-1-2）。

4.规程标准

《±800kV直流架空输电线路运行规程》（GB/T 28813—2012）中"7.1.3（a）（4）在杆塔与杆塔之间修建影响线路安全的道路或房屋等设施。"

图15-1-1 输电线路保护区内存在外力破坏施工点

图15-1-2 输电线路保护区正常状态

🔍 常见缺陷15-2　基础顶面被淹

1. 缺陷描述

某线路××号塔基础顶面被淹（见图15-2-1）。

2. 形成原因

随着农民经济意识不断提高，龙虾养殖情况逐渐增多，杆塔周围龙虾池开挖情况在南方地区比较普遍。

3. 消缺措施

应与农户沟通，将虾池水位放到杆塔基础基面以下，后续修筑围堰（见图15-2-2）。

4. 规程标准

《±800kV直流架空输电线路运行规程》（GB/T 28813—2012）中"7.1.3（a）（5）在杆塔基础周围取土、打桩、钻探、开挖或者倾倒酸、碱、盐及其他有害化学品。"

图15-2-1　基础顶面被淹

图15-2-2　基础正常状态

🔍 常见缺陷15-3　输电线路保护区内有违章建筑

1. 缺陷描述

某线路××号塔大（小）号侧x-xm处输电线路保护区内有违章建筑（见图15-3-1）。

2. 形成原因

基建阶段通道清理不彻底或运行阶段违章建房。

3. 消缺措施

依据《中华人民共和国电力法》《电力设施保护条例》协商处理（见图15-3-2）。

4. 规程标准

《±800kV架空送电线路施工及验收规范》（Q/GDW 1225—2014）中"11.6 线路边导线地面投影外7m以内和最大未畸变电场不满足有关规定的房屋应拆迁。"

《±800kV直流架空输电线路运行规程》（Q/GDW 335—2009）中"6.1.3 巡视的主要内容：1）检查沿线环境有无影响线路安全的下列情况：f）在线路保护区内兴建建筑物、烧窑、烧荒或堆放谷物、草料、垃圾、矿渣、易爆物及其他影响输电安全的物品。"

图15-3-1　输电线路保护区内有违章建筑

图15-3-2　输电线路保护区正常状态

🔍 常见缺陷15-4   导线下方杂物堆积

1. 缺陷描述

某线路××号塔大（小）号侧下方杂物堆积（见图15-4-1）。

2. 形成原因

线路运行过程中，村民线路下方堆放杂物。

3. 消缺措施

应加强电力设施保护宣传，并与居民沟通协调及时清理（见图15-4-2）。

4. 规程标准

《±800kV直流架空输电线路运行规程》（Q/GDW 335—2009）中"6.1.3 巡视的主要内容：1）检查沿线环境有无影响线路安全的下列情况：f）在线路保护区内兴建建筑物、烧窑、烧荒或堆放谷物、草料、垃圾、矿渣、易爆物及其他影响输电安全的物品。"

图15-4-1   导线下方杂物堆积

图15-4-2   输电线路通道正常状态

🔍 常见缺陷15-5   输电线路下方树木与导线安全距离不足 ·················•

1.缺陷描述

某线路××号塔大（小）号侧x-xm处树竹x棵与导线距离安全距离不足（见图15-5-1）。

2.形成原因

基建阶段通道清理不彻底或运维阶段通道管控不到位。

3.消缺措施

需及时清理并加强通道管控（见图15-5-2）。

4.规程标准

《±800kV直流架空输电线路运行规程》（GB/T 28813—2012）中"附录表A.7 导线在最大弧垂、最大风偏时与树木之间的安全距离不小于13.5m。"

图15-5-1   输电线路下方树木与导线安全距离不足

图15-5-2   输电线路通道正常状态

🔍 常见缺陷15-6　　输电线路保护区内兴建违章建筑 ·······················•

1.缺陷描述

某线路××号塔大（小）号侧×m处兴建违章建筑物（见图15-6-1）。

2.形成原因

运维阶段通道管控不到位。

3.消缺措施

依据《中华人民共和国电力法》《电力设施保护条例》处理（见图15-6-2）。

4.规程标准

《±800kV直流架空输电线路运行规程》（GB/T 28813—2012）中"附录表 A.7 导线在最大弧垂、最大风偏时与树木之间的安全距离不小于13.5m。"

图15-6-1　输电线路保护区内兴建违章建筑

图15-6-2　输电线路保护区正常状态

第16章   附属设施类

常见缺陷16-1   标识牌缺失

1. 缺陷描述

某线路××号塔标志牌缺失（见图16-1-1）。

2. 形成原因

施工单位漏装或运行过程中受风振影响而掉落。

3. 消缺措施

需重新补装并采取加固措施（见图16-1-2）。

4. 规程标准

《±800kV架空送电线路施工及验收规范》（Q/GDW 1225—2014）中"11.5 工程移交时，铁塔上应有下列固定标志。标志的式样及悬挂位置应符合设计、建设单位的要求：a）线路名称或代号、塔号；b）极性标志；c）警示标志。"

《±800kV直流架空输电线路运行规程》（GB/T 28813—2012）中"6.5.6 线路标识牌和警示牌等缺损、丢失；线路名称、杆塔编号字迹不清，色标模糊不清，标示不规范，应进行处理或更换。"

图16-1-1   标识牌缺失

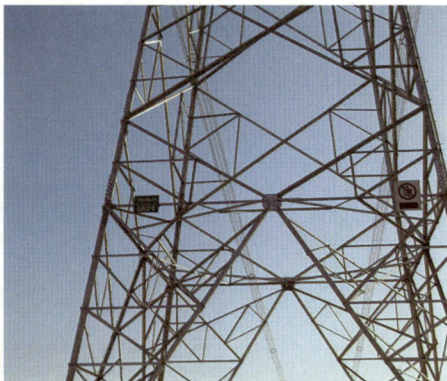

图16-1-2   标识牌正常状态

🔍 常见缺陷16-2　标识牌图文不清

1.缺陷描述

某线路××号塔标识牌图文不清（见图16-2-1）。

2.形成原因

标识牌牌质量不良，加之运行过程中受雨水、日晒等环境影响而褪色。

3.消缺措施

需及时更换（见图16-2-2）。

4.规程标准

《±800kV直流架空输电线路运行规程》（GB/T 28813—2012）中"6.5.6 线路标识牌和警示牌等缺损、丢失；线路名称、杆塔编号字迹不清，色标模糊不清，标示不规范，应进行处理或更换。"

图16-2-1　标识牌图文不清

图16-2-2　标识牌正常状态

🔍 常见缺陷16-3　防坠轨道接头缺放松帽

1.缺陷描述

某线路××号塔第×段防坠轨道缺×个防松帽（见图16-3-1）。

2.形成原因

施工过程中漏装或运行过程中受风振影响而掉落。

3.消缺措施

需重新加装（见图16-3-2）。

4.规程标准

《±800kV架空送电线路施工及验收规范》（Q/GDW 1225—2014）中"8.2.2 当采用螺栓连接构件时，应符合下列规定：

a）铁塔螺栓应按设计要求使用防卸、防松装置；

b）螺栓应与构件平面垂直，螺栓头与构件间的接触处不应有空隙；

c）螺母拧紧后，螺栓露出螺母的长度：单螺母，不应小于两个螺距；双螺母，螺栓可与螺母相平；

d）螺栓应加垫者，每端不宜超过两个垫圈；

e）钢管塔法兰的连接螺栓紧固时应均匀受力且对称循环进行。"

图16-3-1　防坠轨道接头缺放松帽

图16-3-2　防坠轨道接头标准工艺

🔍 常见缺陷16-4　防坠轨道接头间隙过大

1. 缺陷描述

某线路××号塔第×段防坠轨道接头间隙过大（见图16-4-1）。

2. 形成原因

防坠轨道与杆塔上的安装位置不匹配，安装位置不正，导致导轨段与段之间连接时错位。

3. 消缺措施

调整或更换间隙过大防坠轨道接头（见图16-4-2）。

4. 规程标准

《国家电网公司新建线路杆塔作业防坠落装置通用技术规定》（国家电网基建〔2010〕184号）中"四、安装与验收：17 防坠落装置应安装可靠，自锁器在正常条件下应滑动自如，转向器转动灵活，连接件、导轨安装牢固，导轨末端封头分固定封头或活动封头。"

图16-4-1　防坠轨道接头间隙过大

图16-4-2　防坠轨道接头标准工艺

/第三篇/

特高压故障案例

本篇汇总了特高压交流及直流线路雷击、山火、风偏、冰闪、异物短路等典型故障跳闸。其中特高压交流5项，特高压直流4项。

第17章　特高压交流输电线路故障案例

🔍 故障案例17-1　雷击故障

1.故障描述

2016年6月20日9：25：50，1000kV 某线路B相接地故障，重合闸成功。故障测距为72.344km（0141～0142号），档距为460m，雷雨天气，雷电流幅值为−56.0kA。雷电活动记录与故障点杆塔号以及时间、测距信息吻合，性质为绕击。经登塔检查，在该线0142号塔（0142号塔基本情况见图17-1-1）发现绝缘子和均压环均有放电痕迹（放电痕迹见图17-1-2、图17-1-3）。

2.故障原因

故障时为雷雨天气，0141～0143号塔接地电阻故障现场实测为3.56、3.78、3.45Ω，符合防雷设计要求。杆塔绝缘配置：绝缘子型号为FXBW-1000/420，绝缘子高度为9000mm，串长为9496mm，爬距为32000mm，接地形式为T32-30F，方框射线加接地模块形式，设计阻值为30Ω。故障区段平均海拔为105m，主要地形为丘陵，地线保护角为−10.85°，雷害等级为C2级。

查询雷电定位系统，雷电流幅值为−56.0kA；经计算，反击雷耐雷水平电流 I 为131kA，远远大于实际雷电流幅值，排除反击雷的可能；经计算，其绕击耐雷水平最小电流和最大电流分别为50.7kA和66.7kA，满足绕击雷条件，此次线路故障原因为雷电绕击导线造成线路跳闸。

3.预防及处理措施

（1）开展故障杆塔防雷评估，根据评估结果，实施有效防雷措施，在线路故障区段前后安装避雷器。

（2）定期测试接地电阻，缩短测试周期。

（3）提高线路本身绝缘水平。

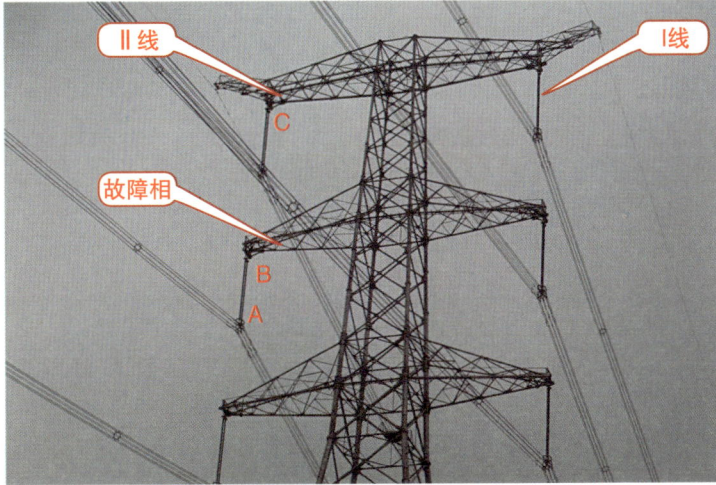

图17-1-1   0142号杆塔基本情况

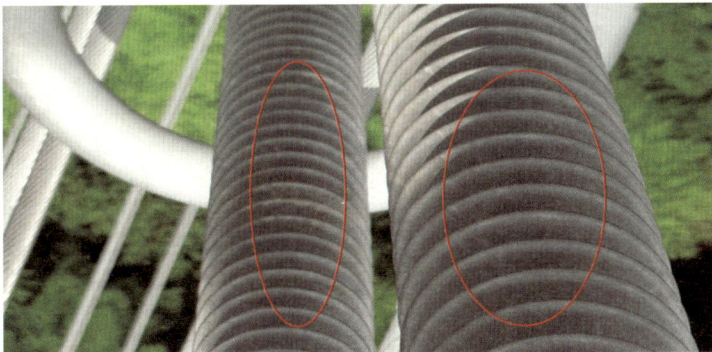

图17-1-2   0142号故障杆塔B相绝缘子串放电痕迹

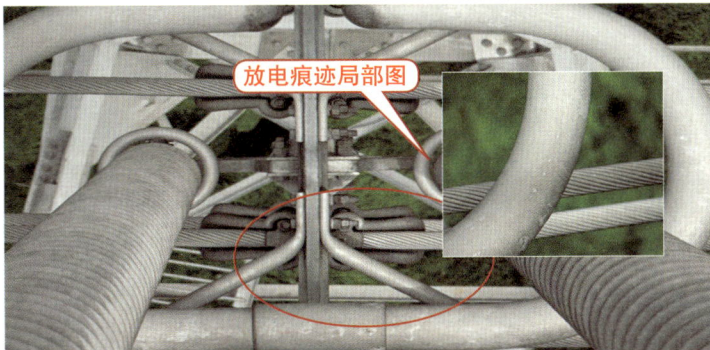

图17-1-3   0142号故障杆塔B相绝缘子导线端均压环放电痕迹

🔍 故障案例17-2　山火故障

1.故障描述

2015年4月5日13：42，1000kV 某线路AB相跳闸,重合闸未启动，故障测距为距A变电站88.3km、距B变电站91.37km。天气晴朗，气温在26～32℃。故障段地形为丘陵，东南风，平均风速为23m/s。经检查，在该线0396号塔小号侧A、B相导线发现放电痕迹，附近有山火发生。故障杆塔区段山火现场远景图、近景图分别见图17-2-1、图17-2-2。

2.故障原因

据了解，火源为祭祀引起的山火。山火段始于0395号杆塔，止于0397号杆塔，长度为1.686km。故障点为0396号塔小号侧3～4间隔棒之间，其中0395号塔呼称高72m，0396号塔呼称高78m，导线弧垂最低点距下方松树林为35m。导线型号为JL/G1A-500/65，绝缘子配置为U420BP/205T，接地形式为6×40-25。因通道内有较大面积的燃烧情况，同时对应上方导线有放电痕迹，可推断故障原因为山火引发的短路跳闸故障。具体过程为：线下松树林着火后，热对流和热辐射所传递的能量将火焰前方的可燃物预热，火势向四周不断蔓延、扩展，浓烟中包含可导电物质（碳化合物），同时火焰产生的热浪与浓烟导致空气绝缘强度降低，空气间隙的泄漏电流突然剧增，空气介质失去绝缘性能被击穿，导致线路A、B相对地放电（A、B相导线放电痕迹分别见图17-2-3、图17-2-4），线路故障跳闸。

3.预防及处理措施

（1）加强防火宣传，提高沿线群众防火意识。

（2）增加线路视频监控设备，提升防山火预警工作效率。

（3）积极开展防山火隐患排查，加强巡视力度，及时清理导线下方易燃物。

（4）建立火警信息报送制度，完善山火应急预案，在最短时间展开有效的火情监视和事故抢险。

图17-2-1　故障杆塔区段山火现场远景图

图17-2-2　故障杆塔区段山火现场近景图

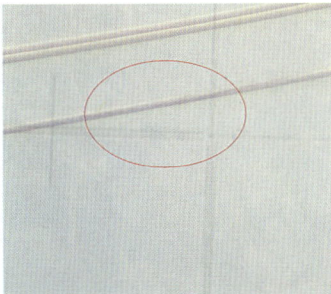

图17-2-3　A相导线放电痕迹

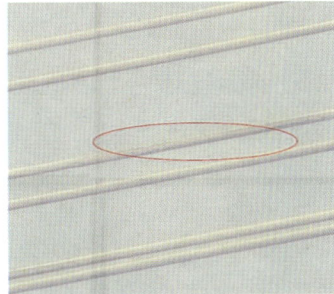

图17-2-4　B相导线放电痕迹

🔍 故障案例17-3　风偏故障

1. 故障描述

2011年6月9日14：44，1000kV某Ⅰ线跳闸，重合闸成功，故障测距为距A变电站51.5km，距B变电站229km。故障杆塔位置见图17-3-1。故障时为阴雨天气，风速为28.5～32.6m/s，故障分析为导线及绝缘子串在大风作用下向塔身侧倾斜（风偏），造成导线与塔身最小空气间隙不足而引起的空气击穿，从而造成线路跳闸。经登塔检查发现该线0114号塔A相导线及对应塔身上有放电痕迹（见图17-3-2、图17-3-3）。闪络位置示意图见图17-3-4。

2. 故障原因

导线采用LGJ-500/35钢芯铝绞线，分裂间距为400mm，设计风速为27m/s。114号塔高为75.4m，横担宽度为31.2m，边相绝缘子采用双联悬垂Ⅰ串悬挂方式，中相采用双联V串悬挂方式，绝缘子型号为FXBW-1000/210，串长为9750mm，绝缘子爬距为32000mm。绝缘子及导线距离塔身最小空气间隙为2.7m。

导线及绝缘子向塔身侧风偏，随着风偏角的加大，在风偏角55°左右，导线对铁塔的放电逐渐从电晕放电发展至先导放电，从而导致空气间隙击穿，造成线路跳闸。经测算，线路绝缘子风偏超过55°时就不能满足最小安全距离2.7m的要求，此次跳闸时线路风偏已经超过55°。可以推断，线路风偏是造成此次故障的主要原因。

3. 预防及处理措施

（1）开展微气象区线路风偏校核，并对不满足要求的线路两边相I串开展防风偏改造。

（2）加强特殊巡视，增加在线监测系统，密切监视天气变化，做好应急准备。

（3）实时掌握气象环境，线路附近出现强对流天气时，应检查其线路铁塔螺栓、塔材是否松动、损坏，导地线、绝缘子是否有异常。

（4）制订特殊区域分布图。

图17-3-1　故障杆塔位置

图17-3-2　塔材放电痕迹

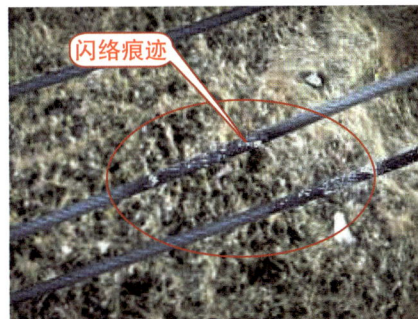

图17-3-3　故障导线放电痕迹

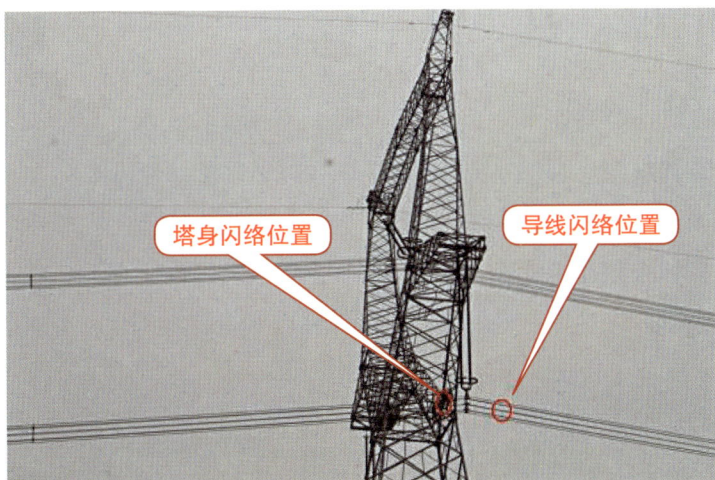

图17-3-4　闪络位置示意图

🔍 故障案例17-4　覆冰闪络故障 ···●

1.故障概述

2012年3月22日00：28，1000kV 某线路A相发生跳闸，重合复跳，重合闸成功。故障测距为距A变电站118.1km，距B变电站247.1km。天气小雨，气温在-1~0℃，降水量为26.2mm，相对湿度为99%。地面植被均已覆冰（见图17-4-1），结冰厚度为5mm。故障电流为6000A。经登塔检查发现，该线0222号塔A相绝缘子挂点、绝缘子片、均压环及导线上有明显放电痕迹（见图17-4-2~图17-4-4）。

2.故障原因

杆塔绝缘配置：绝缘子型号为XWP-300，配置为2×54片双Ⅰ串，爬距为2.619cm/kV，结构高度为10530mm，设计覆冰厚度为20mm，现场覆冰厚度为25mm，不符合设计要求。

对覆冰的绝缘子串开展红外测温检测，发现绝缘子串上有大量的泄漏电流，绝缘子发热情况严重，结合现场天气情况、塔位所处海拔、地形，以及现场等情况综合分析，判断故障原因为0222号塔A相绝缘子因冻雨形成绝缘子串的冰凌，在0℃左右作用下导致覆冰闪络跳闸。随着降雨，气温下降、湿度增大，气温在-2~1℃、风速为3m/s时，由于大气气温一直保持在0℃左右，冰水流淌形成冰柱，绝缘子串伞裙间隙被冰柱桥接，造成绝缘子绝缘性能降低。随着泄漏电流的增大，加快了绝缘子表面融冰，表面的冰水沿绝缘子瓷裙向下流淌，形成贯穿性闪络通道，导致该线0222号塔A相绝缘子串覆冰闪络，造成线路跳闸。

3.预防及处理措施

（1）加强线路走廊气象资料收集，对覆冰区采取综合措施。

（2）改造相应杆塔、喷涂防污闪涂料，提高线路防污、防冰闪能力。

（3）安装视频监控装置，以便随时掌握覆冰区运行环境，对异常情况及时采取应对措施。

图17-4-1　现场植被覆冰情况

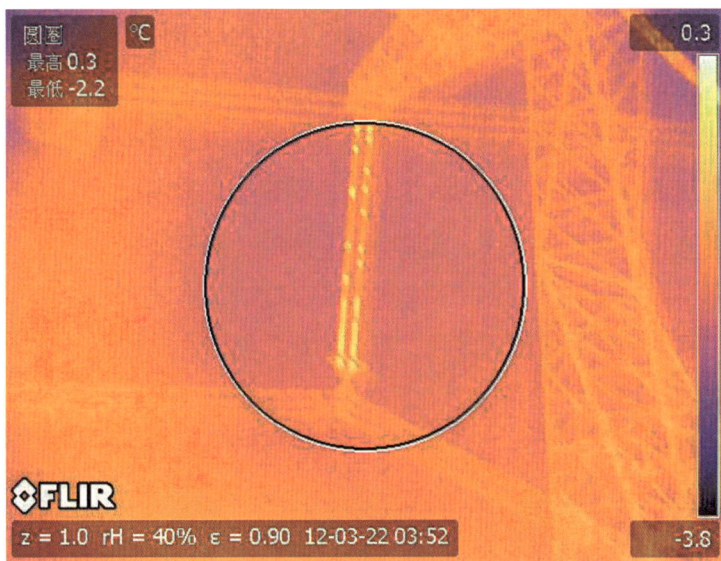

图17-4-2　0222号故障杆塔A相红外测温图谱

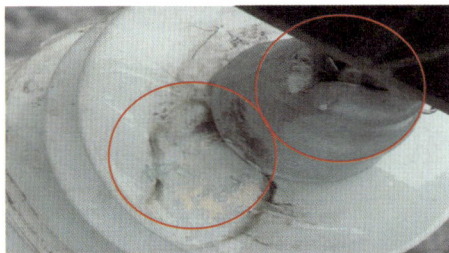

图17-4-3　0222号故障杆塔A相绝缘子挂点处及
第一片绝缘子放电痕迹

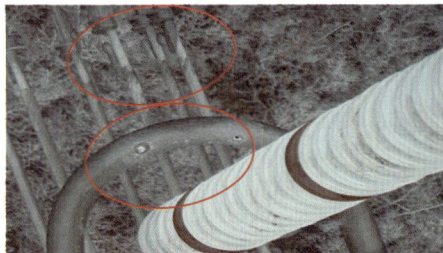

图17-4-4　0222号故障杆塔A相均压环及导线放
电痕迹

🔎 故障案例17-5 异物故障 ....•

1.故障描述

2016年1月28日2：08，1000kV 某线路A相跳闸，重合成功，故障测距为10.039km；C相故障跳闸，重合成功，故障测距为9.752km。天气小雨，风力为1～3级。经巡视人员发现，0027号塔A相导线大号侧有明显的放电痕迹，C相导线大小号侧各有一处明显放电痕迹。

2.故障原因

故障区段为0027～0028号塔，长度为577m，地处丘陵地带，0027号塔高为105.4m。绝缘配置采用双联Ⅱ串复合绝缘子，型号为FXBW-1000/300，爬距≥32000mm，接地装置形式为T32-10C，设计电阻值为10Ω。东风，风速为2.2m/s，常年平均气温在15.6℃，降水量为1429.6mm。

根据现场残留的风筝线判断，在大风作用下，从远方飘过来的风筝缠绕在地线上，下端风筝线靠近并接触A相导线，与塔身之间的安全距离不足，发生放电，造成A相短路跳闸故障。A相导线上部的风筝引线在风的作用下远离导线，飘至C相导线，造成C相短路跳闸。通过导线和地线上放电痕迹和铁塔上悬挂的风筝及铁塔上残留的风筝线，可以确定为异物造成线路跳闸。见图17-5-1～图17-5-4。

3.预防及处理措施

（1）深入开展隐患排查治理活动，提高巡视质量。

（2）对重要通道、重要线路加强护线网络建设，提高巡视频次，及时发现、消除隐患。

（3）加强电力设施保护宣传，提高沿线群众护线意识，装设相应宣传栏、警示牌等。

图17-5-1　0027号塔右侧地线大号侧10m处悬挂一个风筝

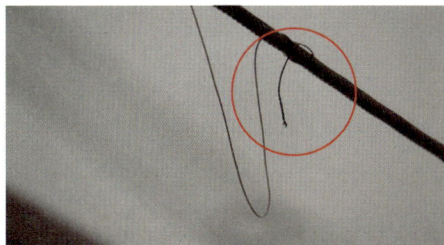

图17-5-2　导线上残留的风筝线

图17-5-3　0027号塔A相大号侧导线上放电痕迹

图17-5-4　0027号C相大小号侧悬垂线夹附近导
线上放电痕迹

第18章　特高压直流输电线路故障案例

🔍 故障案例18-1　耐张塔雷击故障 ·····················●

1. 故障描述

2014年7月11日17：37，某±800kV直流线路极Ⅰ全压再启动成功，故障测距距离A换流站698km，距离B换流站1360km。雷雨天气，气温12～22℃，相对湿度为95%，降水量超40mm。经登塔检查发现，该线路极Ⅰ大号侧绝缘子串第一片绝缘子钢帽、硬质引流线及杆塔横担处有明显雷击放电痕迹。

2. 故障原因

故障时为雷雨天气，1403～1405号塔接地电阻故障现场实测为4.72Ω、5.04Ω、5.52Ω，符合防雷要求。故障杆塔（1405号杆塔）绝缘子配置如下：绝缘子型号为U550B/240H，串型为Z20N1，结构高度为19138mm，绝缘子片数为3×66片，爬电比距为5.24cm/kV，接地形式为分段绝缘。故障区段平均海拔为924m，主要地形为山地，铁塔地处山坡，塔头边相导线保护角为-7°，雷害等级为C2。故障杆塔通道处于坡度大且为峡谷大沟地形，见图18-1-1。

查询雷电定位系统雷电流幅值为-65.1kA，经计算，反击雷耐雷水平雷击电流Ⅰ为208.4kA，远远大于实际雷电流幅值，排除反击雷的可能。经计算，绕击雷耐雷水平最小电流和最大电流分别为44.2kA和78.5kA，雷电流幅值在此范围内，满足绕击雷条件，雷电流经过导线至硬质引流线与绝缘子串第一片绝缘子钢帽和杆塔横担塔材产生放电通道，造成线路跳闸。见图18-1-2～图18-1-4。

3. 预防及处理措施

（1）积极开展防雷害运行分析会，结合雷击故障报告实际情况，总结防雷工作经验，加大线路差异化防雷工作力度。

（2）定期测试接地电阻，有必要时，缩短多雷区段杆塔测试周期，保证接地电阻良好。

（3）在故障杆塔区段安装可控避雷针，排查多雷区段，扩大直流线路避雷器安装范围，提高线路防雷水平。

图18-1-1 1405号塔极Ⅰ大号侧（左极）故障杆塔通道地形图

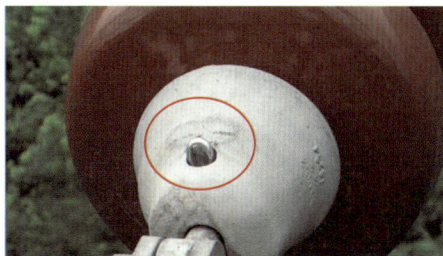

图18-1-2 1405号极Ⅰ大号侧中串第一片绝缘子
钢帽放电痕迹

图18-1-3 1405号塔极Ⅰ大号侧硬质引流线放电
痕迹

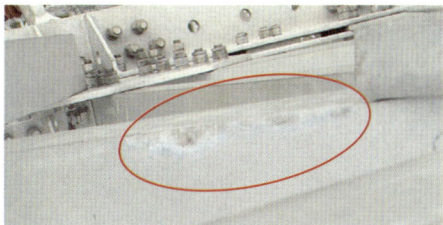

图18-1-4 1405号塔极Ⅰ大号侧横担塔材放电
痕迹

🔍 故障案例18-2　直线塔雷击故障

1.故障描述

2015年3月22日18：54，某±800kV直流线路极Ⅰ两次全压再启动成功，故障测距为距A换流站401km，距B换流站1251km。雷雨天气，气温在13℃，微风，相对湿度为92%。经登塔检查发现，0796号塔极Ⅰ外侧高压端均压环击穿，圆孔直径约2cm，周围有多处烧伤痕迹，其正上方铁塔横担挂线联板下表面有长约6cm圆弧形的放电痕迹。

2.故障原因

故障时为雷雨天气，0795～0796号塔接地电阻故障现场实测为1.5Ω，导通为0.05Ω，符合防雷要求。故障杆塔（0796号杆塔）绝缘子配置如下：绝缘子型号为2×FXBZ-±800/420，结构高度为11000mm，爬电比距为51.75cm/kV，接地形式为TJ100。故障区段平均海拔为851.8m，主要地形为山地，塔头边相导线保护角为−13.8°，雷害等级为C2。故障杆塔通道处于坡度大且为峡谷大沟地形，见图18-2-1。

查询雷电定位系统雷电流幅值为−52.4kA，经计算，反击雷耐雷水平雷击电流Ⅰ为234.6kA，远远大于实际雷电流幅值，排除反击雷的可能。经计算，绕击雷耐雷水平最小电流和最大电流分别为25.5kA和62.9kA，满足绕击雷条件，此次线路故障原因为雷电绕击导线后雷电流击穿复合绝缘子均压环与其正上方铁塔横担挂线联板间空气间隙放电，造成线路跳闸。见图18-2-2～图18-2-3。

3．预防及处理措施

（1）及时更换击穿损坏的均压环，并检查和检测此次故障区段绝缘子串、导线线夹等金具。

（2）开展雷害风险评估和隐患排查工作，排查出多雷区和易击杆塔，制订综合防雷措施，提高治理效果。

（3）加大输电线路接地装置测量、检查工作，保证接地电阻值满足运行要求。

图18-2-1　0795～0796号塔通道地形图

图18-2-2　均压环正上方横担挂线联板下表面有长约
6cm的放电痕迹

图18-2-3　0796号塔高压端均压环击穿
（圆孔直径约2cm）

🔍 故障案例18-3　异物故障

1. 故障描述

2017年3月31日12:36，某±800kV直流线路双极闭锁，双极线路两次全压重启、一次降压重启均失败，16:10送电成功。故障测距距A站763km，距B站948km。当时为阴雨天气，相对湿度100%，东风4~5级，温度12℃，气压为957hPa。

经巡视，在1403号塔（见图18-3-1）极Ⅱ小号侧导线第3间隔棒外10m处5号子导线上发现悬挂异物（风筝，见图18-3-2），并在极Ⅱ小号侧152m（原风筝悬挂点附近）的5号子导线和极Ⅰ小号侧137m处3号、4号子导线表面发现闪络痕迹（分别见图18-3-3~图18-3-5）。

2. 故障原因

故障区段地处山区耕地，线路走向东偏南33°，东风4~5级，由此可判断放电通道方向为东偏北20°。风力作用下，风筝自极Ⅰ向极Ⅱ方向飘过，部分风筝线搭接在极Ⅰ的3号、4号子导线。风筝自重和风筝线潮湿后与极Ⅰ导线的接触摩擦，造成风筝飘落时缠绕在极Ⅱ的5号子导线上，在极Ⅰ和极Ⅱ形成放电通道（见图18-3-6），阴雨天气下风筝线湿润后绝缘水平降低而造成极间击穿，造成线路双极闭锁故障。

3. 预防及处理措施

（1）结合季节性、地域特点，开展线路沿线周边范围外力破坏隐患专项特巡和排查，加强宣传教育，及时发现并制止线路周边放风筝行为。

（2）做好电力设施保护及群众护线工作，加强护线网络建设、培训，并辅助开展巡视、值守等工作。

（3）加快特高压线路通道可视化进程，在特高压线路沿线安装可视化在线监测装置，时时监控线路周边环境情况，发现问题及时处理。

图18-3-1　故障通道航拍照片

图18-3-3　极Ⅱ导线上闪络痕迹局部图

图18-3-4　极Ⅰ导线上的闪络痕迹

图18-3-2　缠绕在极Ⅱ的5号子导线上的风筝

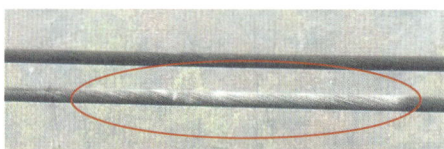

图18-3-5　极Ⅰ导线上的闪络痕迹局部图

图18-3-6　放电通道示意图

🔍 故障案例18-4　脱冰跳跃故障 ······················●

1.故障描述

2017年11月24日11：57，某±800kV直流线路极Ⅱ闭锁，重启动不成功，测距为32km，11月26日4：12分，恢复双极平衡运行。当时为冰雪天气，风速5～11m/s，相对湿度70%～85%，地线设计覆冰为20mm。经巡视发现，0071号塔极Ⅱ地线断落在杆塔大号侧200m处（见图18-4-1、图18-4-2），断线点距杆塔5m、50m处均有明显的闪络痕迹（见图18-4-3～图18-4-5）。

2.故障原因

故障区段地处高海拔山地，局部微气象变化明显，强降温冰雪天气，极Ⅱ侧地线覆冰混合凇约25mm，超出设计范围。随着天气逐渐升温，地线表面大量脱冰导致跳跃，跳跃过程中与极Ⅱ导线电气间隙不足发生闪络，地线被灼伤后，在大风作用下断线落地，造成线路极Ⅱ闭锁事故。

3.预防及处理措施

（1）强降温冰雪天气下，增加巡视人员覆冰观测次数，必要时留人值守，随时观测覆冰动态，准确掌握微地形气候区覆冰的变化情况，及时做好融冰工作。

（2）增加在线监测装置密度，掌握覆冰区微气象变化情况。

（3）校核故障线路抗冰能力，加强覆冰区导、地线抗覆冰能力，杜绝类似事故再次发生。

图18-4-1　0072号塔极Ⅱ侧架空地线断线

图18-4-2　0071～0072号塔极Ⅱ侧架空地线
落地现场照片

图18-4-3　0071～0072号塔档内架空地线
断线点

图18-4-4　0071～0072号档内距断点5m处地线
放电痕迹

图18-4-5　0071～0072号档内距断点50m
处地线放电痕迹（近弧垂最低点）

故障案例18-5　金具断裂故障

1. 故障描述

2012年1月18日18：24，某±800kV直流线路极Ⅰ故障，一次重启动不成功闭锁，转入单极运行，22时14分极Ⅰ试送成功。故障测距故障点距A换流站341km，距B换流站1549km。当时天气为冰雪天气，气温-1℃，地线设计覆冰20mm，有约5mm的轻微覆冰（混合凇）。经巡视发现，0672号塔大号侧极Ⅰ地线U型螺栓耐张线夹底部断裂（见图18-5-1、图18-5-2），地线从0672号塔极Ⅰ侧整体掉落（见图18-5-3、图18-5-4）。

2. 故障原因

故障区段地线型号为LBGJ-240-20AC，有约5mm的轻微覆冰（混合凇），但符合设计要求。经分析鉴定，该线路地线U型螺栓与U型环连接处外侧存在原始的微小缺陷，同时该处还存在严重的应力集中现象，材料中存在魏氏组织，且晶粒较为粗大，降低了低温下材料的韧性。低温、地线脱冰跳跃、应力集中等因素，导致极Ⅰ地线U型螺栓瞬间断裂，地线掉落后与极Ⅰ导线放电间隙不足而放电跳闸。

3. 预防及处理措施

（1）加强采用该型耐张线夹区段的监测。

（2）将该线路耐张线夹全部更换为双耐张结构的预绞式耐张线夹（同一档内另一根OPGW的耐张线夹即采用这种结构），其连接示意图见图18-5-5。由于两种耐张线夹的连接尺寸及连接金具有所不同，更换时应由设计院重新设计计算。

图18-5-1　故障现场断裂的失效耐张线夹

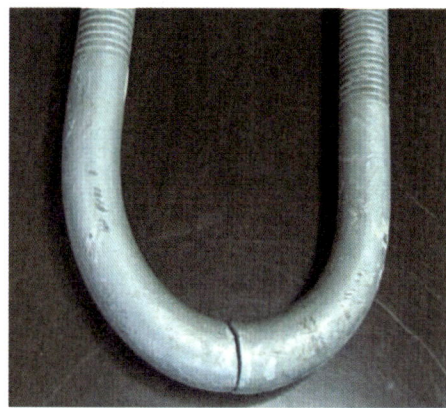

图18-5-2　U型螺栓耐张线夹断口

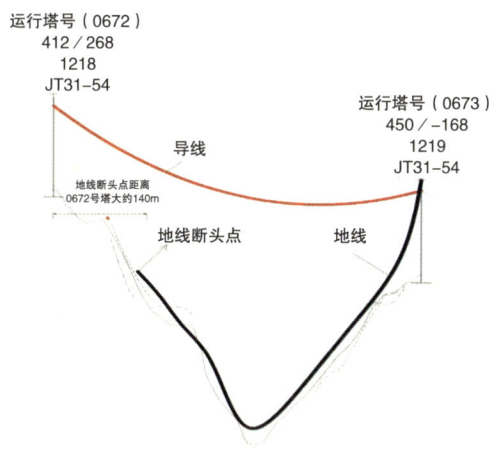

运行塔号（0672）
412／268
1218
JT31-54

运行塔号（0673）
450／-168
1219
JT31-54

导线

地线断头点距离
0672号塔大约140m

地线断头点　　地线

图18-5-3　地线跌落位置示意图

图18-5-4　掉落地线示意图

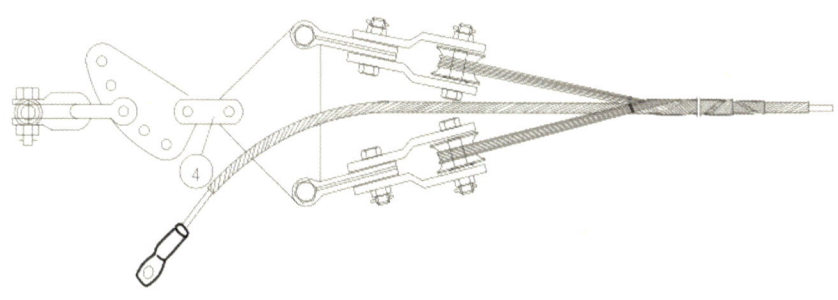

图18-5-5　双耐张结构的预绞式耐张线夹连接示意图

第四篇

新技术应用典型问题

本篇汇总了特高压输电线路工程新技术应用中出现的典型问题，其中特高压交流线路2项，特高压直流2项。

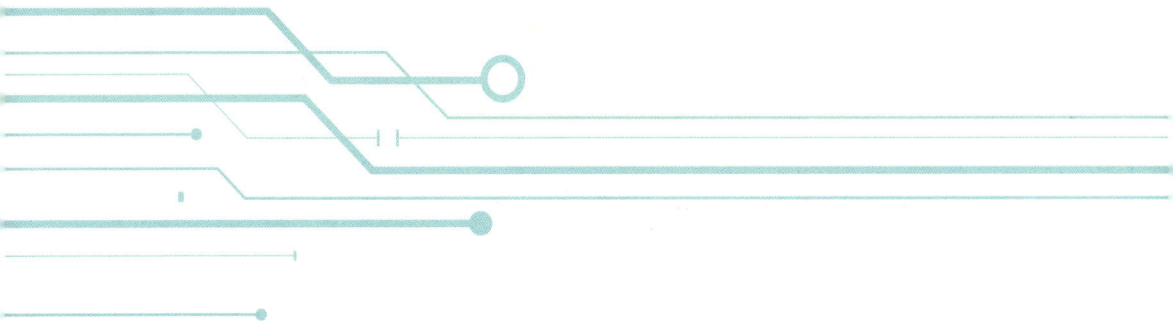

典型问题1　1000kV 某线路钢管塔钢管构件风振

1. 应用概况

1000kV 某Ⅰ、Ⅱ线同塔双回架设部分（001号-186号塔）及单回架设部分的Ⅰ线439号塔和Ⅱ线441号塔共188基采用钢管塔。

2. 问题描述

1000kV 某Ⅰ、Ⅱ线同塔双回钢管塔在验收过程中，验收人员在有风的天气下听见杆塔有明显异响，后经观察发现钢管塔存在明显的振动现象。振动区段钢管塔处于强风地带，钢管塔因强风而振动，横担以下尤为明显，同时产生振动异响。钢管塔长期风振会导致构件螺栓松动甚至松脱，同时可能导致钢管构件因长期振动而疲劳损坏。

3. 原因分析

钢管塔在持续稳定的风的作用下，会在钢管构件背风侧形成涡流。当达到起振风速后，涡流的频率达到了钢管构件的固有频率，从而产生共振现象。钢

图1-1　钢管塔杆件振动位置

管构件长细比数值越大，起振风速越小，钢管塔振动位置见图1-1。

4. 治理措施

（1）根据钢管塔所在地区风速、风向状况及构件长细比，在振动构件的适当位置加装扰流板（见图1-2）。建议在以后的钢管塔设计中减小易振动钢管构件的长细比。

（2）安装在线监测装置，加强监测，跟踪振动情况，总结规律，提出下一步改进意见。

图1-2　钢管塔加装扰流板情况

🔍 **典型问题2** 1000kV 某线路复合横担出厂漏充氮气 ·························•

1.应用概况

1000kV 某Ⅰ线在285号、286号采用了2基玻璃钢纤维复合材料绝缘横担塔（见图2-1）。该塔采用上字型结构，塔身为钢结构角钢塔。复合横担支柱绝缘子内部采用充气方案（氮气），设计参数为充气压0.25MPa，爬电距离不小于32000mm，绝缘距离不小于8600mm，结构长度约9790mm；斜拉绝缘子采用复合绝缘子，爬电距离不小于32000mm，结构长度约10720mm。其中支柱绝缘子为ϕ470mm×17mm、复合绝缘子为单联84t。

图2-1 复合横担塔

2. 问题描述

1000kV 某Ⅰ线在送电过程中发生A、B相短路接地故障，故障测距在复合横担杆塔附近，开展故障点查询，但未找到原因。后来工程启动指挥组决定强送，再次发生A、B相短路接地故障复跳，故障测距与上次结果相同。事后经现场音像资料分析，确定跳闸故障点为285号杆塔A、B相复合横担内部放电。

3. 原因分析

通过对故障区段巡视结果及285号、286号复合横担塔12支支柱绝缘子内部气压检测结果进行分析（见图2-2），故障情况确定为支柱绝缘子内部低气压条件下放电闪络，放电路径为沿玻璃钢筒内壁。

原因是6支支柱绝缘子内部处于显著低气压状态，内部耐压能力大幅下降。后经查明为低气压的6支支柱绝缘子出厂时生产厂家在完成密封检查试验（填充SF_6并密封检测后抽真空）后没有充入氮气，另外1支既没有密封试验也没有充氮气。5支已充氮的支柱绝缘子密封及压力正常，未见故障。综上判断，发生故障的绝缘子工艺环节缺失，漏充氮气，内部耐压能力大幅下降，从而导致285号A、B相接地跳闸。

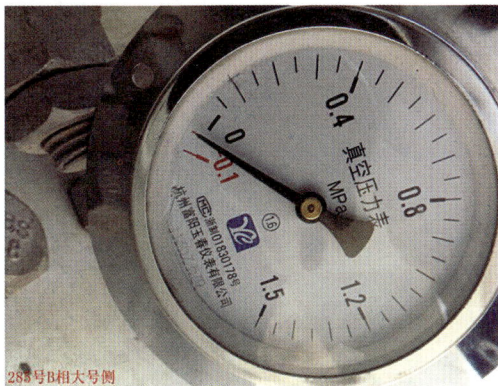

图2-2 其中一支支柱绝缘子内部气压检测情况

4. 治理措施

（1）要求生产厂家更换不合格的支柱绝缘子。

（2）在复合横担出厂安装前应检测每支支柱绝缘子内部气压。

（3）在复合横担塔上加装在线监测装置，并在充气孔位置加装气压表，同时在每支复合横担上加装密度继电器。

（4）由于复合横担塔属于新工艺、新技术，尚未达到成熟的技术水平，运维单位应加强复合横担塔的监测，并储备一定量相应备品备件，以便发现问题能够迅速处理。

🔍 典型问题3 ±1100kV 某线路高强石墨接地引下线压接端口处断开

1. 应用概况

±1100kV 某线路甘七、甘八标段共75基塔采用高强石墨接地引下线（见图3-1），发现断裂58处。

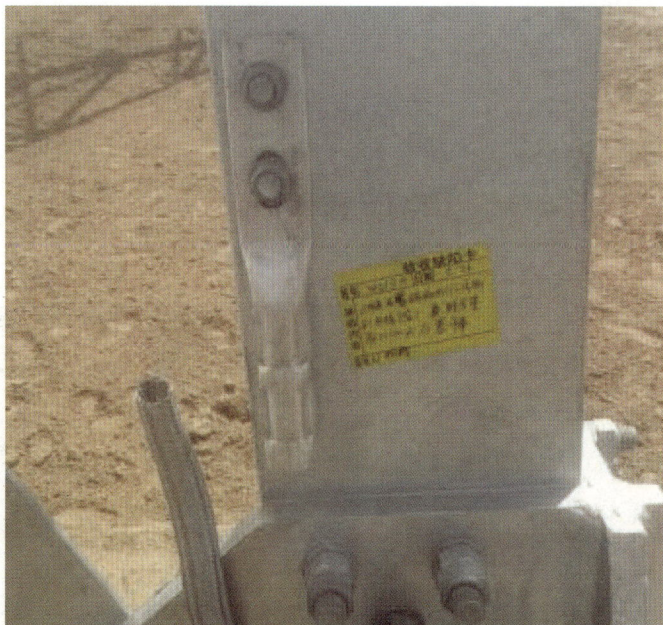

图3-1 石墨接地引下线断裂情况

2. 原因分析

接地联板存在产品质量问题，抗扭、抗压力不足。联板压接不良，在紧固受力、外力破坏后断开。

3. 治理措施

（1）要求设计单位对全部高强石墨引下线断裂问题提出避免方案、改进技术，进一步采取技术措施治理断裂问题。

（2）施工单位应对易断裂部位采取加强措施，提高连接部位石墨引下线强度。

（3）线路投运以后加强该区段监测。

🔍 典型问题4　±800kV 某线路耐张塔硬质管型引流线焊接部位断裂

1. 应用概况

±800kV 某线路0001～0493号共计有173基耐张塔使用硬质管型引流线。该塔型引流串采用双V串硬铝管式刚性跳线串，单支采用160kN级复合绝缘子，跳线串的中间段，采用四个三变一线夹，将两侧的六分裂软跳线连接到两根硬制铝管上，同时采用两个单联V型串将其悬挂在杆塔上。管母型号为ϕ150/130-14，管母长度由7.0m和9.0m组成。

2. 问题描述

某线路发生故障的引流线为支撑管母线夹，由两端的软质引流线与中间的管型硬质引流线共同组成。在运行过程中，该型引流线发生硬质管型引流线焊接部位断裂现象（见图4-1），同时还发生了多次发热缺陷。

图4-1　硬质管型引流线焊接部位断裂

3. 原因分析

（1）发现断裂问题后运维单位将受损管母送质检单位检测，断口宏观形貌及电镜形貌均表现为脆性断裂（见图4-2），断口上存在不同成分的颗粒状夹杂物。断裂件的圆盘上存在缩孔、缩松缺陷，焊接处存在未熔合缺陷（见图4-3）。在此基础上，硬质管型引流线在长期横向侧风的作用下，软质引流线来回摆动，硬质管母被两组V型绝缘子串牢固固定，软硬两种引流线间形成扰点，应力集中在焊接式三变一线夹上，最终导致线夹断裂（见图4-4）。

图4-2　三变一式线夹连接的管母断口情况

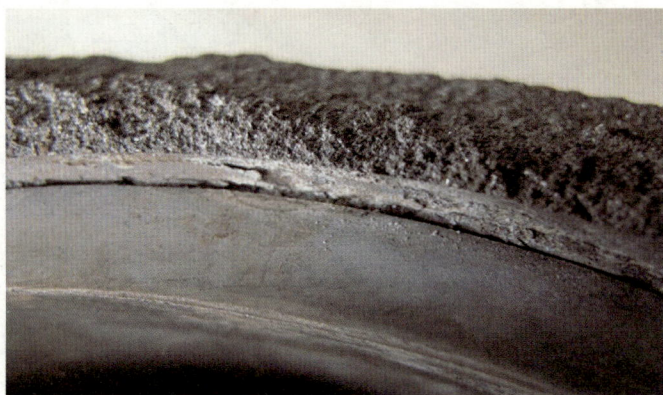

图4-3　圆盘周向焊缝局部未熔合缺陷

图4-4 断口位于盘面母材上

（2）对于发热问题，判断可能为以下原因：①硬质管型连接件和连接点过多，在运行中因风振等导致连接部位逐渐松动，从而产生发热现象。②由于其构造较为复杂，安装人员容易出错，设备未可靠连接导致发热。

综上所述，同类型引流线可以判定为存在设计缺陷，长期运行可能带来发热和断裂的隐患。

4.治理措施

（1）加强该类型硬质管母焊接部位的测温，同时利用线路停电，对该类型管母开展X光检测，掌握硬质管母的运行情况。

（2）在积累一定经验的情况下，邀请设计单位开展评估，是否将硬质管型引流线更换为鼠笼式跳线，但须同步加强设备抗风措施。

（3）更换已经出现问题的硬质管型引流线，并做好隐患恶化的预防处置措施，储备一定数量的备件，以备应急处置所需。